THE SOUL

THE SOUL © 조준호, 2024

아래의 자료들은 인용 허가를 저자 또는 저작권자로부터 받았음을 알립니다.
저작권법에 의해 보호를 받는 저작물이므로
무단전재와 무단복제를 금합니다.

Raymond A. Moody, Jr. 저. *Life After Life*: Harper One, 1975, 2001, 2015

Kenneth Ring 저. *Life At Death*: Coward, McCann & Geoghegan, 1980

엘리자베스 퀴블러 로스 저. *사후생*: (재)여해와 함께(대화문화아카데미), 2022

Bruce Greyson 저.
-*The Near-Death Experience Scale. Construction, Reliability, and Validity*: The Journal of Nervous and Mental Disease, 1983
-*Near-Death Experiences and Spirituality*: Zygon, 2006

Pim van Lommel 저.
-*Near-death experience in survivors of cardiac arrest: a prospective study in the Netherlands*: The Lancet, 2001
-*The Continuity of Consciousness; A consept based on scientific research on near-death experiences during cardiac arrest*: Bigelow Institue for Consciousness Studies, 2021

Pim van Lommel, Bruce Greyson 공저. *Critique of Recent Report of Electrical Activity in the Dying Human Brain*: International Association for Near-Death Studies, Inc. 2023

Sam Parnia 저.
-*AWARE-AWAreness during REsuscitation-A prospective study*: Resuscitation, 2014
-*AWAreness during Resuscitation-II: A multicenter study of consciousness and awareness in cardiac arrest*: Resuscitation, 2023

메리 C 닐 저. *외과의사가 다녀온 천국*: 크리스천 석세스(성서원), 2014

Eben Alexander 저. *My Experience in Coma*.

그것이 알고싶다 152회 저세상으로의 여행, 죽었다 살아난 사람들: SBS, 1995

에드윈 A. 애벗 저. *플랫랜드*: 필로소픽, 2019

프랜시스 S 콜린스 저. *신의 언어*: 김영사, 2019

빌헬름 라이프니츠 저. *형이상학 논고*: 아카넷, 2016

William Lane Craig 저. *라이프니츠의 의존성 논증*: Reasonable Faith Insitute, 2020

수년이 흘러 의사가 되고 경험이 쌓이기 시작했다. 학생 시절부터 '근원적인 힘'에 대한 의문을 품은 지 10년이 흘렀다. 의사로서 환자의 질병을 진단하는 과정은 마치 소설 속 탐정이 사건을 해결하는 과정과 흡사하다고 생각했다. 『셜록 홈스』의 작가 '아서 코넌 도일(Arthur Conan Doyle)'도 의사라는 사실은 많은 사람들이 알 것이다.

환자를 진찰하여 단서를 수집하고 필요한 검사를 시행한다. 현대 의학이 밝혀낸 질병과 시행 가능한 검사의 다양성은 상상 이상이어서, 자칫하면 의사와 환자는 이 과정에서 길을 잃고 헤맬 수 있다. 그러나 처음부터 세밀하게 증상을 수집하여 정확한 진단에 이르면 의사는 성취감을 느낀다. 정확한 진단이 적절한 치료로 연결되기 때문이다. 어떤 선배는 단서 수집을 환자가 진료실에 처음 들어설 때 그 걸음걸이를 관찰하는 것에서부터 시작한다고 말할 정도였다.

내가 배워온 지식과 경험은 의사로서 제 역할을 하기에 부족함이 없었기에 인간의 몸이 생물학적인 관점만으로 설명 가능하다는 견해 역시 변함이 없었다. 적어도 한 가지 충격적인 에피소드를 겪기 전까지는 말이다.

외과 레지던트 4년 차 때의 일이다. 간담췌외과에서 큰 수술을 받으신 후 약 보름이 지나도록 회복하지 못하고 중환자실 치료를 받던 할머니가 계셨다. 최선의 치료를 했음에도 환자의 상태는 점점 악화되어 다기관 기능부전에 이

Intro

 '생명의 근원은 무엇인가?' 외과 의사인 내가 의대생 시절부터 품어 왔던 질문이다. 의대 본과생이 되자마자 배우기 시작한 전공과목들은 상상했던 것보다 깊은 학문이었다. 수많은 선진들이 이룩한 학문적 성과는 긴 시간에 걸쳐 높은 상아탑을 이루었는데, 그 안에서 나는 더 넓은 세상을 발견했다. 특히, 생리학과 분자생물학은 인체가 작동하는 메커니즘을 세포와 DNA 수준으로 설명해 주는 매우 흥미로운 과목이었다. 그때의 나는 인간의 몸은 물론 감정까지도 모두 생물학적인 관점으로 설명이 가능하다고 생각했다. 그러나 더 깊게 파고들수록 교과서로는 설명하기 어려운 부분이 있었다. 어떻게 작동하는지는 알 수 있었지만, 그렇게 작동하도록 하는 근원적인 힘이 무엇인지는 알 수 없었던 것이다. 다행히 그런 부분은 시험에도 나오지 않았기 때문에 그저 잊은 채 지냈다.

무릇 지킬 만한 것보다 더욱 네 마음을 지키라
생명의 근원이 이에서 남이니라
(잠언 4:23)

Intro

목차

Intro   9

Exploration   17
- 1. NDE를 연구한 박사와 의사 들 ········· 20
- 2. NDE를 경험한 의사들 ········· 59
- 3. 국내의 사례 ········· 63

Explanation   67
- 1. 형언불가성(Ineffability) ········· 71
- 2. 오컴의 면도날(Ockham's razor) ········· 78
- 3. 대가들의 결론 ········· 104
- 4. 과학의 초점 ········· 107

Contingency Argument   111

Outro   121

참고 문헌 ········· 127

소크라테스는 "너 자신을 알라.*"라고 말했다. 우리는 이 질문을 더 깊이 고민해 봐야 한다. 나는 누구인가? 우리 몸 안에는 어떤 존재가 있는가? 만약 우리 안에 진정한 나, 즉 영혼이 실재한다면 그 영혼의 존재는 우리의 존엄성과 가치를 더욱 높여줄 것이다.

　이 책은 우리가 진정한 의미에서 인간으로서의 존재를 이해하고, AI를 활용하는 시대 속에서 우리의 가치와 정체성을 지키는 방법을 찾을 수 있는 길잡이가 되길 바라는 마음에 집필하게 되었다.

　모쪼록 이 책이 AI 시대에 우리의 가치관이 혼란스러워지는 것을 방지할 수 있는 예방접종이 될 수 있기를 소망해 본다.

2023년 봄
진심을 담아
조준호

---

* 소크라테스가 자주 인용하여 그의 말로 알려진 이 문구는 그보다 앞서 그리스 델포이 신전 기둥에 새겨져 있던 글귀였다는 설도 있다.

그렇다면, 내 몸의 수명이 다하게 되면 '나'는 어떻게 되는 것일까? 이 문제는 동서고금을 막론하고 누구나 한 번쯤은 생각해 봤을 것이다. 하지만 명확한 답을 얻은 사람은 그리 많지 않다. 우리는 궁금증이 생겼을 때 나보다 먼저 경험한 사람들로부터 그 답을 얻는 것이 보통이다. 육아 상담, 진학 상담, 여행지 사전 조사, 맛집 검색, 하다못해 구매 후기까지 모두 다른 사람의 경험을 참고 삼아 결정하곤 한다. 하지만 죽음 이후에 대해서는 어떠한 정보도 얻을 수 없다. 죽은 이는 말이 없으니 당연하다.

그러나 우리는 죽음에 관한 불확실성을 극복할 수 있는 방법을 찾아 나가고 있다. 그리고 현대 의학은 죽음 직후에 우리에게 일어나는 일을 어느 정도 예측할 수 있는 수준까지 발전하였다. 이러한 정보가 단지 일부 전문가들만의 호사에 그치지 않도록 널리 공유하는 것이 학자의 한 사람으로서 도리라 생각해 이 책을 펴내게 되었다.

이제 원하기만 한다면, 나의 인격까지 데이터화하여 디지털 휴먼으로 만들 수 있는 시대가 다가오고 있다. 혹자는 이런 방식으로 인간이 영생할 수 있다고도 주장한다. 과연 그것이 가능할까? 내 생명이 다한 후에도, 나의 인격을 데이터화하여 보존한다면 그 디지털 휴먼을 나라고 할 수 있는 것일까?

대답은 간단하다. 내가 아직 살아있는 동안 나의 디지털 휴먼을 만들었다고 상상해 보자. 지인들은 디지털 휴먼과 즐겁게 대화하면서 진짜의 나인 줄 착각할 수도 있다. 이질감이 전혀 안 느껴질 테니까. 그러나 실제로 나는 그곳에 존재하지 않는다. 그것은 단순히 내 인생이 남긴 데이터의 투영에 불과하다.

이런 미래의 가능성은 과학과 기술의 발전으로 점점 현실성을 띠게 되지만, 진정한 '나'를 대체할 수는 없다. 이러한 현실은 우리에게 다양한 윤리적, 철학적 고찰을 요구하며, 우리의 정체성과 존재에 대한 심오한 질문을 던지게 될 것이다.

머리말

 2013년에 개봉한 영화 〈맨 오브 스틸(Man of Steel)〉에는 슈퍼맨이 그의 생부 조-엘의 디지털 휴먼과 대화하는 장면이 나온다. 영화 속 슈퍼맨은 아기일 때 고향 행성이 파괴되면서 생부를 잃었기 때문에 그 전까지는 함께 대화할 기회가 없었는데, 비록 디지털 휴먼이지만 AI 기술을 통해 아버지를 보게 된 것이다. 이듬해인 2014년에 개봉한 영화 〈캡틴 아메리카:윈터솔저(Captain America:The Winter Soldier)〉에도 죽은 졸라 박사의 데이터가 컴퓨터에 이식되어 인격화된 AI, 즉 디지털 휴먼이 캡틴 아메리카와 대화하는 장면이 있다.
 공상 과학 영화에나 나왔던 이 장면은 이제 현실이 되었다. 최근에는 고인이 된 한 배우의 디지털 휴먼이 화면에 등장했다. 함께 작업했던 배우들이 모여 그의 디지털 휴먼을 보며 자연스럽게 대화하는 모습이 방송되었는데, 이는 딥러닝 AI 기술을 활용하여 가능하게 된 것이다. 고인 배우와 동료 배우들이 추억을 떠올리며 함께 웃고 그리워하고 서로 위로하는 매우 놀라운 대화였다.[1]

THE SOUL
외과 의사의 영혼 탐구생활

조준호

the
Vine
Books

르렀고, 그날 임종을 앞두고 계셨다. 환자를 치료하는 사람으로서 무기력감을 느낀 날이었다.

중환자실의 간호 팀이 환자의 가족들에게 임종을 지키실 수 있도록 연락했다. 환자의 맥박과 혈압이 서서히 감소했기에 나는 가족들이 도착할 때까지 환자가 버틸 수 있도록 승압제를 처방하려고 했다. 승압제란, 몸에 무리가 가더라도 심장을 억지로 뛰게 하는 약물이다. 의학적인 사망선고는 보통 심정지를 기준으로 이루어지기 때문에, 환자의 임종이 임박해졌음에도 보호자가 아직 도착하지 못했을 경우 사망선고를 30분에서 1시간 정도 늦출 요량으로 처방하기도 한다.

하지만 공교롭게도 그날 환자의 가족들은 먼 곳에 있었고, 가장 먼저 올 수 있는 자녀도 5시간 후에나 도착할 수 있을 것 같다고 했다. 그렇게 오랜 시간 동안 이 약물을 사용하면 마지막 순간을 맞이하시는 할머니의 몸이 너무나 힘드실 것으로 판단했다. 각종 혈액검사와 심전도 파형, 인공호흡기의 호흡 패턴이 이미 생리적으로 그것을 견딜 수 없는 상태임을 지시하고 있었기 때문이다. 그래서 나는 과감하게 해당 약물 대신 플라세보*로 대체하는 처방을 간호 팀에 전달했다.

그때, 외과중환자실의 수간호사 선생님이 취했던 행동은 상당히 의외였다. 그분은 환자의 귀에 가까이 다가가 큰

---

* 플라세보(placebo): 실제로는 약효가 없으나 환자에게 약효가 있는 것처럼 믿도록 하기 위해 투여하는 약.

소리로 다음과 같이 말했다. 그 어조는 마치 응원과도 같았다.

"자녀분들이 어머님께 인사드리러 오고 계신대요. 조금만 더 힘을 내서 기다려 보세요. 그때까지 제가 옆에 같이 있어 드릴게요."

그것은 나의 오더를 수용하는 동시에 환자의 임종을 보호자에게 보여 드리는 두 가지 목적을 다 이루기 위한 포석으로 보였다. 그때까지만 해도 그 포석의 효용성에 회의가 들었다. 왜냐하면 환자의 몸을 이루는 모든 세포는 이미 비가역적인 변화, 즉 돌이킬 수 없는 죽음의 흐름을 탔으며 경험상 그 흐름은 길어야 1시간 이내에 끝이 날 것이었기 때문이다. 그러나 수간호사 선생님의 태도는 이상하리만치 자연스럽고 확신에 차 있었다. 마치 일상적으로 행해왔던 일 같은 느낌이었다. 나는 마음속에 일던 회의감을 겉으로는 티 내지 않았다. 다만, 그분에게는 내가 소속된 외과뿐 아니라 다른 여러 과에서 다양한 형식으로 죽음을 맞이하는 환자들의 곁을 지킨 경험이 많았다는 점을 기억했다. 평소 그분의 인품에서 받은 영향도 어느 정도 있었다. 임종을 앞두신 할머니를 향한 수간호사 선생님의 정신적인 지지는 약속했던 대로 계속되었다. 할머니가 외롭거나 지치지 않도록 따뜻한 말도 이어졌다.

할머니의 가족은 예상보다 빠른 4시간 만에 도착했고, 놀랍게도 할머니는 그때까지 살아 계셨다. 승압제 없이 정신적인 지지만으로 그렇게 오랜 시간을 버텨낼 수 있었다는 사실은 나에게 커다란 충격을 안겼다. 생물학적으로는 도저히 설명이 불가능했기 때문이다.

이 사건은 인체를 생물학적 관점으로만 바라보던 나의 뇌리를 가격했다. '아, 내가 알고 있는 것 이상의 무엇인가 더 있겠구나!'라는 탐정과도 같은 의사로서의 추리가 발동했다. 곧이어 생명을 작동하도록 하는 근원적인 힘에 대한 기존의 의문이 다시금 고개를 들었다. 오랫동안 잊고 지냈던 의문이었다. 그것은 분명 생명을 유지하도록 하는 어떤 힘일 것이었다. 그러자 다음 질문이 자연스레 이어졌다. 그렇다면 과연 그 힘의 근원은 무엇일까? 그러나 외과 레지던트로서의 생활은 하루하루 버텨내기조차 힘에 부쳤기에 그 보석 같은 의문을 해결하는 일은 다시금 나중으로 미뤄둘 수밖에 없었다. 그렇게 또 10년이 흘렀다.

그사이 나는 외과 전문의가 되었지만, 여전히 그 의문을 파고들 만한 여유는 없었다. 아마도 이것은 나에게만 해당하는 이야기는 아닐 것 같다. 대부분의 현대인은 먹고살기 바쁘다. 의료계 역시 이제 매우 세분화되어 고도로 발전 중이다. 의사들이 자기 분야의 발전 속도를 따라가는 것만으로도 벅찬 시대이다. 환자를 치료하면서, 최신 지견과 수술기법에 정진하기에도 시간이 모자라다. 그렇게 레지던트 때의 그 보석 같은 의문은 가슴속에 묻어두고 살았다. 그러던 중, 감사하게도 대학병원에 취직해 관련 서적과 논문을 탐독할 수 있는 기회가 생겼다.

지금부터 나는 우리나라 의사들의 관심에서조차 아직은 먼, 그래서 일반에는 더더욱 알려지지 않은, 그러나 확실히 존재하는 근사체험(Near-Death Experience)에 관한 연구 결과를 소개하고자 한다.

Exploration

인생의 혼은 위로 올라가고
짐승의 혼은 아래 곧 땅으로 내려가는 줄을 누가 알랴
(전도서 3:21)

Exploration

근사체험(Near-Death Experience)이란 무엇일까? 옥스퍼드 영어 사전(Oxford English Dictionary)은 이것을 죽음의 경계에서 겪는 특별한 경험으로서 다시 소생한 사람들이 증언하는 현상이라고 정의한다. 이러한 경험은 유체 이탈이나 빛의 터널을 보는 것과 같은 체험을 포함한다. 콜린스 영어 사전(Collins English Dictionary)도 비슷한 정의를 제시하며, 죽음에 아주 가까워진 상황에서 겪는 영적인 경험의 기억이라고 설명한다. 이는 죽었던 친구나 가족을 만나고 흰 빛을 보는 등의 경험을 포함한다. 이러한 경험을 'NDE'라고 줄여서 부른다. 아직 이런 경험을 해보지 못했더라도, 이 단어가 처음 사용된 이후부터 지금까지의 이야기를 들어보면 NDE에 대한 이해의 폭을 넓힐 수 있을 것으로 생각한다.

1. NDE를 연구한 박사와 의사 들

NDE 연구의 시작은 1970년대로 거슬러 올라간다. 대표적인 인물 몇 명을 연대순으로 살펴보려 한다.

1) 레이먼드 무디(Raymond A. Moody Jr., M.D.*)

레이먼드 무디는 '근사체험(Near-Death Experience, NDE)'이라는 용어를 처음으로 사용한 인물이다. 그는 이 용어를 1975년 발간한 자신의 저서 『Life After Life』에서 처음 소개하였다.[2]

그의 이야기는 도서가 발간되기 10년 전인 1965년에 버지니아 대학 철학과 학생이었을 때, 대학 내 의과 대학의 한 정신과 교수†를 만나면서 시작된다. 그는 처음부터 그 교수의 따뜻하고 친절한 분위기에 호감을 느끼고, 이어 그 교수가 '죽었을 때' 겪은 이야기를 매우 인상 깊게 들었다.

그 교수의 경험담을 마음에 담아둔 채, 그는 1969년 철학 박사 학위를 취득하고 미국 노스캐롤라이나주의 한 대학에서 3년간 철학을 가르치면서 학생들에게 '불멸'이 주제인 플라톤의 『파이돈(Phaedo)‡』을 읽도록 했다. 어느

---

* M.D.: Medical Doctor. 영어권에서 일반적으로 의사를 지칭하는 표기.
† 조지 리치(Geroge Ritchie, 1923~2007): 의과 대학생일 당시 폐렴으로 사망 진단을 받은 후 소생하기까지 9분간 겪었던 자신의 경험을 『Return from Tomorrow』라는 책에 기록했다.
‡ 『파이돈(Phaedo)』: 플라톤의 대표작으로 영혼의 불멸적 측면이 그 철학적 주제이다.

날, 수업 후 한 학생이 찾아와 자신의 할머니가 수술 중 겪으셨던 죽음에 대해 이야기를 하게 되고, 수년 전 정신과 교수로부터 들었던 것과 상당 부분 일치하는 것을 깨닫고는 매우 놀란다.

그 후, 철학 수업 학생들에게 인간의 생물학적 죽음 후의 소생과 관련한 주제로 독서를 시키고 사례를 수집했다. 앞서 있었던 두 건의 사례는 언급하지 않은 채였다. 그런데 놀랍게도 30명 남짓한 학생을 대상으로 했던 거의 모든 강의에서 적어도 한 명은 나중에 그를 찾아와 근사체험을 진술했다. 그는 근사체험을 한 사람들의 종교, 사회, 교육적 배경이 매우 다르더라도 그들의 이야기에 상당한 유사성이 있다는 점에 주목하게 된다.

이후 그는 의사가 되기로 결심하고, 정신과 의사가 되어 의대에서 의료 철학을 가르치는 것을 목표로 삼아 1972년에 의대에 입학한다. 이전에 많은 근사체험 사례를 모았던 그는 의대 동료들의 권고에 따라 이를 의학계에 보고하고 다수의 공개 강연을 하게 되었다. 이후 그를 찾아와 이야기하는 유사 사례자들이 증가했고, 약 150건의 NDE 사례를 모아, 아직 의대생이었던 1975년에 『Life After Life』를 출간한다.

이 책에서 그는 '죽음의 경험'을 15개 항목으로 나누었는데, 그 내용을 간단히 정리하면 다음과 같다.

① 형언불가성(Ineffability)
NDE 경험자들은 이 경험을 그 어떤 말로도 충분히 표현할 수 없다고 말한다. 우리들이 쓰는 언어를 뛰어넘는 어떠한 특성으로 인해 충분한 묘사에 이르지 못함을 고백한다.

② 사망 소식을 들음(Hearing the News)
의사로부터 자신의 사망 선고를 듣는다.

③ 평화와 고요의 느낌(Feelings of Peace and Quiet)
NDE의 초기 단계에서는 평화와 고요함 가운데 극도로 쾌적한 감각을 느낀다.

④ 소음(The Noise)
크게 윙윙거리는 벨소리 같은 소음을 듣는다.

⑤ 어두운 터널(The Dark Tunnel)
소음과 동시에 어두운 터널을 마치 롤러코스터를 타고 빠르게 빠져나가는 듯한 느낌을 받는다.

⑥ 유체 이탈(Out of the Body)
육체를 벗어나 천장 높이에 뜬 채 자신의 시신을 제삼자의 관점으로 바라보며, 그 주변에서 일어나는 일, 예를 들면 사고 현장이나 자신을 향한 의료진의 소생술

등을 관찰할 수 있게 된다.

⑦ 죽은 자를 만남(Meeting Others)
 자신보다 먼저 죽은 친척이나 친구 등의 영적 존재가 마중 나와 죽음으로의 이행을 편하게 해 주거나, 혹은 아직 죽을 때가 아니므로 육체로 돌아가야 한다고 말해준다.

⑧ 빛의 존재(The Being of Light)
 따뜻한 사랑을 지닌 빛의 존재를 만난다. 이 빛은 비현실적일 정도로 매우 밝지만 눈부시지는 않다. 그 이유를, 레이먼드 무디는 이 경험자들이 물리적인 눈이 없는 상태에 있었기 때문이라고 추측했다.
 이 존재로부터 전적인 사랑과 수용을 느낀다. 이 존재와의 대화는 사람이 들을 수 있는 범위의 목소리가 아닌, 생각이 전송되는 형식으로 이루어져서 거짓이나 오해가 있을 수 없다. "죽을 준비가 되었느냐?", "너의 삶에서 이룬 일 중에 나에게 보여줄 만한 것이 있느냐?"와 같은 질문을 받는다.

⑨ 주마등(The Review)
 빛의 존재와 함께 자신의 인생을 제삼자의 시점에서 낱낱이 검토하게 된다. 빛의 존재는 이미 죽은 자의 모든 인생을 알고 있기에 추가 정보가 필요하지 않다. 이

과정은 단지 죽은 이가 본인의 과거를 돌이켜 보도록 유도하는 것이 목적인 듯하다. 이 검토는 연대순으로 매우 빠르게 진행되는데, 그 속도에도 불구하고 아주 사소한 것부터 가장 의미 있는 것까지 믿을 수 없을 정도로 자세히 보게 된다. 이에 따라 자연스럽게 자기 인생의 선악에 대한 반추가 이루어진다.

⑩ 국경 또는 경계(The Border or Limit)
일단 넘어가면 다시는 현세로 돌아올 수 없는 경계선과도 같은 지점을 향해 떠밀리듯 가는 자신을 발견한다.

⑪ 회귀(Coming Back)
본인의 육체로 돌아온다. 이는 죽었다가 살아난 사람들에게만 해당된다.

⑫ 타인에게 말하기(Telling Others)
본인이 겪었던 사건은 꿈이 아니며 실제로 일어난 놀라운 경험임을 인지하지만, 형언불가성의 특성으로 인해 그 어떤 말로도 충분히 전달할 수 없다. 그래서 보통은 사람들로부터 비웃음을 받거나 정신적으로 불안정한 사람 취급을 받게 된다. 결국 이 경험에 대해서는 침묵을 지키기로 결심하거나, 매우 친밀한 지인에게만 알리는 데 그친다.

⑬ 삶에 미치는 영향(Effects on Lives)
이 경험을 다른 사람들에게 전달하는 것은 보통 실패하지만, 자신에게만큼은 분명한 영향을 미친다. 근사체험을 한 이들은 그 이후 자신의 삶이 보다 풍부하고 심오해졌으며, 이를 통해 궁극적인 철학 문제에 대한 관심이 높아졌다고 말한다. 또한, 대부분의 사람들이 삶에서 이웃과 자신을 사랑하고 발전시켜야 하며, 지식의 추구 역시 중요하다는 점을 강조했다.

⑭ 죽음에 대한 새로운 관점(New View of Death)
죽음에 대한 두려움을 벗어나, 삶을 살아가는 동안 해야 할 일을 더욱 강하게 느끼게 된다.

⑮ 입증(Corroboration)
근사체험자가 유체 이탈 중 목격한 것을 묘사한 내용을 보면, 그 시간 동안 주변에 있던 가족, 의료진의 말이나 행동과 정확하게 일치했다.

위의 15개 항목은 근사체험의 주요 내용을 담고 있다. 그는 많은 사람들의 근사체험을 종합하여, 다음과 같이 NDE의 [모델]을 제시한다.

한 사람이 죽음의 문턱에 서 있다. 신체적 고통의 끝에서 자신이 운명했다고 말하는 담당 의사의 목소리를 듣는다. 불편한 소음이 들리기 시작한다. 큰 벨소리가 윙윙거리는 듯한 소리다. 동시에 어둡고 긴 터널을 빠른 속도로 통과하는 것을 느낀다. 이후 그는 자기 몸을 빠져나와서는 구경꾼처럼 자신의 시체를 바라본다. 그는 이런 특이하고도 **유리한 관점(vantage point)**에서 자신을 향한 심폐소생술을 목격하고는 감정적으로 격한 상태가 된다.

잠시 후, 정신을 가다듬고 이 이상한 상태에 익숙해지기 시작한다. 자신에게는 여전히 '몸'이 있지만, 물리적 몸과는 매우 다른 성격과 힘을 가졌다는 것을 알게 된다. 곧 먼저 죽은 친척이나 친구 들의 영혼이 자신을 도와주러 나온다. 그 후 한 번도 받아본 적이 없었던 따스한 사랑을 공급하는 빛의 존재를 만난다. 이 존재는 비언어적 질문을 통해 자기 인생을 평가하도록 하고, 그 삶을 즉각적인 파노라마로 재생하여 보여준다.

어느 시점에 이르면, 자신이 지상의 삶과 사후세계 사이의 경계선에 다다랐음을 깨닫는다. 하지만 아직 죽을 때가 아니며, 자신이 지상으로 돌아가야 한다는 것을 알게 된다. 이때 대부분은 저항을 표한다. 이유는 빛의 존재로부터 공급받는 기쁨과 사랑, 평화의 강렬한 감정에 압도되어 더 이상은 현실세계로 돌아가고 싶지 않기 때문이다. 하지만 죽을 때가 아니라면, 어떻게든 자신의 물리적 몸과 결합하여 살아나게 된다.

 후에 그는 다른 사람들에게도 말해주려 시도해 보지만 어려움을 겪는다. 애당초 그는 이 세상 것이 아닌 것만 같은 이 사건을 묘사하기에 적절한 인간의 언어를 찾을 수 없다. 간혹 이야기를 꺼내더라도 사람들의 비웃음을 받게 되면 더 이상 이야기를 하지 않기로 결심한다. 그럼에도 불구하고 이 경험은 그의 삶 깊이, 특히 삶과 죽음의 관계에 관한 그의 관점에 큰 영향을 미치게 된다.

 레이먼드 무디는 이러한 모델이 특정한 한 사람의 경험을 대표하는 것이 아니라, 매우 다양한 사례에서 발견된 공통된 특징을 아우른 후 요약한 것이라고 강조했다. 다만, 이 모델을 제시한 이유는 죽은 사람이 겪는 일에 대한 일반적인 개념을 전달하기 위한 것이다. 그는 책에 이 모델을 제시한 직후, 위의 15개 항목과 관련된 구체적이고 다양한 실제 사례를 실어 각 항목을 더욱 흥미롭고 폭넓게 이해할 수 있도록 도왔다.

 그는 1970년대를 기준으로 지난 수십 년 동안 NDE의 사례가 그 이전 시대보다 증가했다고 보았으며, 그 이유로는 현대 의학 기술의 발전을 꼽았다. 이전 시대에는 소생할 수 없었던 사람들이 현대 의학 기술의 발전으로 소생되었기 때문이다.

우리는 레이먼드 무디의 저서 『Life After Life』가 1975년에 출판되었다는 점에 주목할 필요가 있다. 미국은 1980년대 중반에 개인용 컴퓨터가 보급되었고, 1990년대 중반에 인터넷의 활용이 대중화되었으며, 그 이후에 인터넷 커뮤니티가 등장했다. 따라서 출판 당시에는, 오늘날과 같이 개인적인 경험을 인터넷 게시판이나 SNS를 통해 많은 사람들과 공유하는 것이 불가능했다. '⑫ 타인에게 말하기(Telling Others)' 항목에서 언급했듯이 그들은 가까운 지인에게만 이야기를 전했을 것이고, 관련 도서가 출간되기 전까지는 이 경험이 대중에게 알려지기 어려운 환경이었다. 그럼에도 불구하고 드넓은 미국 땅에 흩어져 살던 약 150여 명의 근사체험담이 너무도 비슷했다는 점에 집중해야 한다.

철학자이자 의학자인 레이먼드 무디는 그의 저서 『Life After Life』에서 NDE를 다양한 관점으로 설명하기 위해 노력했다. 이 도서가 1,300만 부 이상의 판매고를 올린 밀리언셀러가 되자, 비슷한 주제와 제목을 단 도서들이 속속 출간되었다. 예를 들면 『Life Before Life』라든가 『Life Between Life』 같은 책이다. 케네스 링이나 엘리자베스 퀴블러-로스도 『Life At Death』와 『On Life After Death』라는 제목으로 출간했다. 레이먼드 무디의 선배격인 두 사람 역시 이 강력한 제목의 굴레를 벗어나지 못했던 것을 보면, 당시 이 도서가 일으킨 사회적 파장의 크기가 어땠는지 짐작할 수 있다.

 레이먼드 무디는 책의 말미에 자신의 서적이 과학적 연구로 이루어진 게 아니며, 내세를 증명한 것 또한 아니라고 선을 그었다. 그도 그럴 것이 표본 추출부터 통계 산출까지 어느 하나 객관적 혹은 과학적 지표를 제시할 수 없었기 때문일 것이다. 그럼에도 불구하고 이 도서는 죽음 이후의 세계에 대한 세간의 관심을 불러일으키기에 충분했고, 학계에서까지 NDE에 대한 과학적 연구를 시작하는 계기가 되었다.

2) 케네스 링(Kenneth Ring, Ph.D.)

 케네스 링 박사는 NDE에 과학적으로 접근한 최초의 사람이다. 1980년에 출간된 그의 저서 『Life At Death』의 표지에 적힌 문구도 '근사체험의 과학적 조사(A Scientific Investigation of the NDE)'였다.[3]

 코네티컷 대학 심리학 교수였던 그는 이전부터 몇몇 초심리학자(parapsychologist)들이 시행한 동종의 연구 결과에 대해 알고 있었다. 그런데 그 연구 결과가 최근에 의사들-레이먼드 무디와 퀴블러 로스-이 발표한 내용과도 일관적인 유사성을 보인다는 점에 주목한다.

 그는 이 책에서 자신의 NDE 연구에 객관성을 부여하기 위해, NDE의 포함 기준(Inclusion Criteria)을 설정하고 대상자를 선별했다. 그리고 102명의 NDE 사례자를 대상으로 인구통계학적 데이터(Demographic Data)를 수집하고 분석했다. 이후, 레이먼드 무디의 항목을 기반으로 '핵심경험지수의 가중치(Weights for the Core Experience Index, WCEI)'를 설정하고, 대상자를 심도경험자(Deep experiencers), 중도경험자(Moderate experiencers), 비경험자(Nonexperiencers) 세 부류로 나누었다. 이것은 질병 심각도를 평가하는 방식과 비슷하다. 데이터를 분석할 때는 통계를 사용하며(Chi-square test, t-test, ANOVA, p-value*, 귀무가설 등), 전체적으로 의학 논문의 형식을 띠고 있다.

〈표1. 핵심경험지수의 가중치(WCEI) 요소〉

요소	가중치
주관적으로 죽었음을 감지	1
평화, 고통 없음, 유쾌함 등의 느낌(핵심 정서 요소)	2
육체의 분리를 감지	2
어두운 영역으로 들어가는 것을 감지	2
존재와의 조우, 목소리를 들음	3
자신의 인생을 돌아봄	3
빛을 보거나 그 빛에 감싸임	2
아름다운 색상을 봄	1

* p-value:귀무가설이 맞다고 가정할 때, 얻은 결과보다 극단적인 결과가 실제로 관측될 확률을 뜻한다. 통상은 0.05보다 작을 때 통계적으로 유의하다고 여긴다.

빛 안으로 들어감	4
가시적인 '영혼'과의 조우	3

 또한, 독자들의 이해를 돕기 위해 자신이 연구한 NDE의 사례를 종합하여, 다음과 같이 일반화시킨 NDE 사례의 [원형]을 제시했다.

> 근사체험은 편안한 평화와 웰빙의 느낌으로 시작되어, 곧 압도적인 기쁨과 행복의 정점에 도달한다. 이러한 황홀한 분위기는 경우에 따라 그 정도가 변하기도 하지만, 이 체험의 다른 단계가 펼쳐짐에 따라 지속적으로 유지되는 경향이 있다. 이 시점에서 환자는 자신이 고통이나 여타 신체적 감각을 느끼지 않는다는 것을 인식한다. 모든 것이 고요하다. 이러한 단서들은 그가 죽음의 과정에 있거나 이미 '죽었다'는 것을 암시할 수 있다.
> 그는 일시적으로 윙윙 하는 소리나 바람 소리를 듣기도 하지만, 어떤 경우에든 외부의 **유리한 관점(vantage point)**에서 자기의 몸을 내려다보고 있는 것을 알게 된다. 이때, 그는 주변 상황을 완벽하게 보고 들을 수 있음을 깨닫는다. 실제로 시력과 청력이 평소보다 뚜렷해지는 경향이 있다. 그는 주변의 물리적 환경에서 일어나는 일들과 대화를 인지하면서도 자신이 수동적인 구경꾼의 입장이라는 것을 깨닫는다. 이 모든 경험이 그에게는 매우 현실

적으로 느껴지며, 절대 꿈이나 환각으로 여겨지지 않는다. 그의 정신은 명료하고 뚜렷한 상태를 유지한다.

어느 시점이 되면, 그는 자신이 두 가지 다른 현실을 동시에 경험하고 있음을 알게 된다. 주변의 물리적 장면을 계속해서 인식하면서도, 동시에 '다른 곳의 현실'을 느끼고 그곳으로 이동하기도 한다. 그는 표류하거나 어두운 공간이나 터널로 안내되어 마치 떠다니는 듯한 느낌을 받는다. 비록 잠시 외로움을 느낄 수 있지만, 이곳의 경험은 주로 평화롭고 고요하다. 모든 것이 극도로 조용하며, 그는 오직 자신의 마음과 떠다니는 느낌만을 인지한다.

그는 누군가의 존재를 느끼지만 보지는 못한다. 그 존재는 말을 하거나 혹은 생각을 전송하여 그에게 인생의 주마등을 보도록 독려하며, 살기를 원하는지 아니면 죽기를 원하는지 묻는다. 이러한 상황 점검은 자기 삶의 순간들을 빠르고 생생하게 시각화하는 과정을 통해 촉진되기도 한다. 이 단계에서 그는 시간과 공간에 대한 지각을 상실하며 그 개념 자체도 의미 없어진다. 자신의 몸도 더 이상 자기 정체성과는 무관하다. 오직 마음만이 존재하여 삶과 죽음을 놓고 저울질하는데, 그 결정은 논리적이고 이성적으로 이뤄진다. 대개는 자신이 죽음으로 인해 남겨질 사랑하는 사람들에 대한 의무를 생각해 돌아가기로 결정한다. 결정이 내려지면 이 체험은 갑자기 종료된다.

이 결정의 시기가 나중에 발생하거나 아예 없다면, 근사체험은 더 진행되기도 한다. 예를 들어, 어두운 공간을 떠돌다가, 사랑과 따스함 그리고 완전한 수용을 발산하는 빛에 이끌려 가기도 하고, 또는 빛의 세계로 들어가 고인이 된 사람들과 일시적으로 재회하여, 아직은 때가 아니므로 돌아가야 한다는 말을 듣기도 한다.

지상으로 돌아오는 것이 개인적인 선택이든 명령에 따른 것이든, 그는 돌아온다. 그러나 대부분은 '회귀'하는 과정을 기억하지 못한다. 때때로 어떤 사람들은 '자신의 몸으로 돌아온 것'을 충격이나 고통스러운 감각과 함께 기억하기도 한다. 그는 자신이 '머리를 통해' 회귀했다고 의심하기도 한다.

나중에 자신의 체험을 이야기할 때, 자신이 기억하는 느낌과 인식을 전달하기에 적당한 말이 없음을 깨닫는다. 또한 아무도 그것을 이해할 수 없을까 봐 혹은 자신이 불신이나 조롱의 대상이 될까 봐 두렵기 때문에 다른 사람들에게 이 경험에 대해 이야기하는 것을 삼가게 된다.

케네스 링은 위와 같은 사례를 들었을 때, 레이먼드 무디가 제시한 [모델]과 매우 유사하다는 점에 놀랐다고 전했

Exploration

다. 그러면서도 이 유사성이 그의 것을 그대로 따라 한 것이 아님을 강조했다. 서로의 발견은 독립적이지만 두 발견 사이에 특별한 공통점이 있는 것으로 보인다고 설명했다. 확실히, 그의 연구는 대상자 선별부터 방법, 분석까지 독자적으로 이루어진 것이었다.

더욱 인상적인 것은 연구 대상자의 94.7%가 "그 경험은 꿈이 아닌 현실이었다."라고 응답했던 것이다. 케네스 링은 가장 결정적인 진술로, 근사체험자 중 한 명이었던 한 정신과 의사의 체험담을 차용했다. 정신과 의사이기에 꿈과 환각에 대해 모두 알고 있던 그녀는 스스로 판단컨대 본인의 근사체험은 꿈도 환각도 아니었다고 말한다. 다른 근사체험자들 역시 유체 이탈 상태에서 정신이 더욱 명료하게 유지되며, 사고 과정이 그 어느 때보다 명확하고 날카로웠다고 한다. 이것은 감성보다는 이성에 의해 지배되는, 논리적인 결정이 가능한 상태로 묘사된다.

그가 이 책을 통해 밝히고자 했던 연구 목적은 다음 네 가지이며, 결과는 다음과 같다.

① 근사체험에서 레이먼드 무디가 제시한 항목들의 발생 빈도는 어떠한가?
: 그의 분석에 따르면, 근사체험이 진행될수록, 즉 그 항목들이 점점 더 깊은 단계로 진행될수록 발생 빈도의 보고가 감소하는 것으로 나타났다. 대표적으로, 빛

의 존재와 관련된 항목들이었다.

② 질병, 사고, 자살 시도의 세 가지 다른 방식으로 발생한 근사체험을 비교하면 어떠한가?
: 질병으로 근사체험을 한 경우 36.5%가 빛의 존재를 마주하는 단계까지 도달했던 반면, 사고와 자살 시도의 경우엔 두 그룹을 모두 합하여도 6%에 그쳤다 (p-value <0.0005). 특히, 자살 시도 그룹에서는 빛의 존재를 만나는 경험이 전혀 보고되지 않았다.

③ 종교성과 근사체험의 핵심경험 사이에 상관관계가 존재하는가?
: 근사체험자들이 겪은 핵심경험은 인구 통계상의 차이(p-value <0.05)나 그들이 믿고 있는 종교, NDE와 관련한 사전 지식 여부(p-value <0.02)와 무관하게 발생했던 것으로 나타났다.

④ 근사 생존자들이 차후에 경험하는 삶의 변화를 체계적이고 정량적으로 답할 수 있는가?
: 근사 생존자들의 삶의 변화와 관련해서는 통계적으로 유의한 데이터를 얻지 못했다. 그럼에도 불구하고 그는 여기에 중요하고도 **질적인** 차이가 있음을 관찰했다고 피력했다. 근사 생존자들은 삶에 감사하며, 인생을 충만하게 살고자 결심한다는 것. 개인 삶의 목적에

대한 새로운 감각을 가진다는 것. 자신을 더 강하고 자신감 있는 사람으로 느끼며 변화에 더 쉽게 적응한다는 것. 사랑과 봉사 같은 이타적인 부분에 가치를 두며, 물질적인 부분은 그다지 중요하지 않게 여긴다는 것. 그리고 타인에 대해 더욱 온정적으로 변하며, 무조건적으로 받아들일 수 있게 된다는 것 등이었다.

훗날, 이 부분 역시 이후 언급할 핌 반 롬멜을 비롯한 다수의 연구자들에 의해 통계적으로 입증되었다. 이것은 곧 근사체험이 근사 생존자들의 가치관에 매우 중요한 영향을 끼쳤음을 의미한다.

케네스 링의 도서 『Life At Death』는 주관적인 경험인 NDE에 수치를 부여하고 객관화한 후, 그 데이터를 통계적으로 분석한 최초의 연구로 큰 의미를 지닌다. 레이먼드 무디는 저서 『Life After Life』가 과학 서적이 아니라고 선을 그었던 반면, 케네스 링은 저서 『Life At Death』가 '과학적 조사(scientific investigation)'임을 명확하게 밝혔다. NDE 경험자들의 진술에 통계적 유의성이 드러났기 때문이다. 이렇게 NDE는 비로소 과학의 영역, 구체적으로는 의학의 범주에 포함되었다. 또한, 그가 20세기에 이 책에서 설정한 핵심경험지수의 가중치(Weights for the Core Experience Index, WCEI)는 21세기인 현재까지도 관련 논문에 인용되고 있다.

3) 엘리자베스 퀴블러-로스(Elisabeth Kübler-Ross, M.D.)

엘리자베스 퀴블러-로스는 스위스 출신의 여의사로, '사망'과 관련한 다섯 개의 심리적 적응 단계를 정립한 사람이다. 이 다섯 단계란 부정, 분노, 타협, 우울, 수용이다. 이는 1969년 출판된 그녀의 저서 『On Death & Dying』을 통해 세상에 알려졌으며,[4] 죽음을 앞둔 환자를 대하는 의료진의 태도 변화에 큰 영향을 미쳤고, 이로 인해 현대 호스피스 의료 발전에 기여했다는 평가를 받는다.

퀴블러-로스는 NDE라는 용어가 생기기 전부터 이미 근사체험에 주목해 왔다. 맨해튼 주립병원 정신과 레지던트를 거쳐 강사에 임용된 후 시카고 의대에서 학생들을 가르쳤던 그녀는 출판 당시엔 아직 무명이었던 레이먼드 무디의 저서 『Life After Life』의 초판 서문을 작성했고,[2] 케네스 링의 저서 『Life At Death』의 첫 페이지에서 미국에서 가장 저명한 사망학자(thanatologist)로 소개되었다. 퀴블러-로스의 "죽음 이후에도 삶이 있다는 사실을 알게 되었다."라는 언급이 사람들의 이목을 끌며 많은 대중 강좌와 워크숍, 인터뷰 등이 추진되었고, 1970년대 미국의 대중과 전문가 들에게 큰 반향을 불러일으켰다. 레이먼드 무디의 저서 『Life After Life』가 베스트셀러가 된 것은 퀴블러-로스가 미국 내에 큰 관심을 일으킨 덕분이라는 시선도 있다.[3] 하지만 정작 퀴블러-로스는 NDE에 관한 자신의 첫 저서 『사후생(On Life After Death)』을 앞선 두 사람보다 늦은 1991년에서야 출간했다.[5]

레이먼드 무디, 케네스 링, 퀴블러-로스는 초창기 NDE 연구에서 선구적인 역할을 한 인물들이며, 이들이 쓴 도서의 제목도 거의 비슷하다. 하지만 세 권의 책을 모두 읽어 보면 각각의 연구만큼은 독립적으로 진행되었음을 알 수 있다. 레이먼드 무디의 『Life After Life』는 잘 편집된 스크랩북처럼 가독성이 좋아서 대중에게 쉽게 다가갔고, 근사체험이라는 개념을 조심스레 소개했다. 반면에, 케네스 링의 『Life At Death』는 논문 형식의 300페이지 분량으로, 전반부에서는 통계적으로 분석된 연구 내용을 제시하고 후반부에서는 그 실체를 설명하는 데 중점을 두었다. 그리고 퀴블러-로스의 『사후생(On Life After Death)』은 서문을 제외하고 총 네 파트로 구성되었는데, 그중 세 파트는 그녀가 했던 연설과 강좌를 기록한 것이다. 거기에는 자전적인 경험과 생각이 담겨 있어서 원서 출판사에서는 이 도서를 에세이로 소개한다.[36]

그녀는 저서 『사후생(On Life After Death)』에서 통계적인 증명은 과감히 생략한 채 '죽음 너머의 일은 믿음의 문제보다 앎의 문제'라고 했다. 또한, "혹, 당신이 관심 없더라도 상관없다. 왜냐하면 당신도 죽을 때 어쨌든 알게 될 것이기 때문이다."라고도 했다. 이와 같이 단호하고 확신에 찬 어조로 자신의 경험과 생각을 피력했다.

20년간 죽어가는 환자를 대해온 그녀도 의사이자 과학자로서 죽음의 과학적 정의를 논할 때, 처음에는 죽음의 신체적 측면만을 고려했으며 이에 대해 전혀 의문을 품지 않았다고 한다. 하지만 특별한 계기로 10년 동안 임상적으로 사망 선고를 받았다가 살아난 약 20,000여 사례를 연구하게 되었다. 미국과 호주, 캐나다를 포함한 여러 나라의 서로 다른 문화와 종교적 배경을 가진 사람들의 사례에서 근사체험의 공통점을 발견했다. 그리고 심정지 후 소생된 사람들 중 단 10분의 1만이 생명기능(vital function)이 일시적으로 정지된 상태에서 일어났던 NDE를 기억한다고 했다.

 퀴블러-로스는 NDE를 경험한 이들이 기억하는 죽음의 순간을 세 단계로 나누고, 그것을 상징적으로 고치(cocoon)에 비유했다.
 첫 단계는, 고치에서 나비가 나오듯 회복할 수 없는 상태가 된 몸으로부터 혼(soul)이 놓이며 이때 물질적 에너지를 받는다고 한다.
 두 번째 단계는, 혼이 뇌를 포함한 육체를 완전히 떠나 정신적 에너지를 받는다고 한다. 따라서 죽음을 맞는 장소에서 일어난 모든 일을 새로운 의식(new awareness)을 통해 기억할 수 있다. 예를 들어 혈압, 맥박, 호흡이 없고, 때로는 뇌파조차 측정되지 않는 상태였던 사람이 자신의 주변에서 사람들이 했던 대화와 생각, 행동을 정확히 알고 소생 후에 그것을 분 단위로 진술할 수 있게 된다. 앞을 못 보던 사람은 이 단계에서 다시 볼 수 있게 되고, 듣지 못하거나 말할 수 없던 사람은 듣거나 말할 수 있게 된다. 또한, 이 단계에는 시간이나 거리가 존재하지 않는다고 한다.

세 번째 단계는, 극도로 밝은 빛에 다가가게 되고, 점점 가까워질수록 장엄하면서도 말로 다 표현할 수 없는 무조건적인 사랑의 품 안에 안기게 된다. 이 현상을 말로는 충분히 표현할 수 없다. 이 빛은 완전하고 절대적인 사랑의 존재이기 때문에 많은 사람들이 예수님 또는 하나님이라 부르며, 이 빛의 존재 안에서 연민과 사랑, 이해에 감싸인 채 모든 것을 알고 이해할 수 있게 된다. 이 상태에서 우리가 인생 첫날부터 마지막 날까지 해왔던 모든 말과 행동, 생각까지 돌이켜 보게 되며, 동시에 그것이 다른 사람들에게 어떤 영향을 미쳤는지를 알게 된다.

퀴블러-로스는 우리가 죽기 전에 배워야 할 중요한 것은 '조건 없는 사랑'이라고 말했다. 또한, 우리의 삶이 목적을 가지고 창조되었다는 것을 받아들인다면, 삶을 단축하는 약물투여를 해야 하는지 말아야 하는지를 그 누구도 묻지 않을 것이라는 입장을 보였다. 그리고 영성이란 우리보다 더 위대한 존재, 즉 이 우주와 생명을 창조한 존재가 있다는 점과 우리는 그 존재의 진정 중요하고 의미 있는 부분이라는 점에 대한 깨달음이라고 강조했다.[5]

4) 브루스 그레이슨(Bruce Greyson, M.D.)

브루스 그레이슨 박사는 버지니아 대학병원 정신과 및 신경행동과학 명예 교수로, 1세대 NDE 연구자 중 한 명으로 손꼽히며, 1978년에 설립된 IANDS(International Association for Near-Death Studies)의 창립 멤버이기도 하다. IANDS는 비영리 교육 조직으로 전 세계 NDE 연구자들을 연결하고 관련 연구를 지원한다. 또한, 연구자들을 대상으로 한 학술지뿐만 아니라 대중을 대상으로 한 잡지를 발행하기도 한다. 북미에서 근사체험에 관한 대중적 관심이 확산되던 1980년대 중반에는 이를 주제로 한 최초의 TV 프로그램이 방영되기도 했다.

〈IANDS 창립 멤버〉
왼쪽 아래에 있는 사람부터 시계 방향으로, 케네스 링, 존 오데트, 브루스 그레이슨, 마이클 세이봄. (브루스 그레이슨 제공)

Exploration

브루스 그레이슨은 1983년에 미시간 대학병원에서 정신과 조교수로 재직하던 중, 「근사체험 척도. 구성, 신뢰성 및 타당성(The Near-Death Experience Scale. Construction, Reliability and Validity)」이라는 제목의 논문을 발표했다. 이 논문은 근사체험자들의 진술을 얼마나 신뢰할 수 있는지 확인하는 도구를 제공했다는 점에서 중요한 역할을 했다.

의사들이 질병을 진단할 때 가장 먼저 하는 것이 선별 검사(screening test)이다. 브루스 그레이슨이 제시한 NDE Scale(근사체험 척도)은 선별 검사와 유사한 역할을 한다. 예를 들어, 폐결핵의 선별 검사는 흉부 엑스레이이다. 즉, NDE를 진단명이라고 한다면 NDE Scale은 엑스레이와 같은 진단 도구인 셈이다.

앞서 케네스 링이 WCEI를 근사체험의 깊이를 정량화하기 위한 척도로 제시했다면, 브루스 그레이슨은 NDE Scale을 근사체험을 식별하기 위한 모집단 선별도구로 제시했다. 그는 이를 통해 이인증(depersonalization)* 같은 비특이성 스트레스 반응이나 기질적 뇌증후군(organic brain syndrome)을 NDE와 구분할 수 있음을 해당 논문에 보고했다.[6] 참고로, 2023년 10월 16일을 기준으로 'Greyson NDE Scale'의 인용(citation) 횟수는 1,133회이다(Google Scholar 기준).

---

* 이인증(depersonalization): 정신과학 용어로 자신의 존재 감각이 비현실적이거나 이상하거나 낯선 것을 의미한다. 감각자극을 잘못 해석하여 지각하는 착각(illusion)의 범주에 포함된다.

〈표 2. Greyson NDE Scale〉

요소와 질문	반응가중치
인지적	
1. 시간의 흐름이 빨라졌는가?	2=모든 일이 단숨에 일어나는 듯 했음 1=시간이 평소보다 빨리 흐르는 듯했음 0=둘 다 아님
2. 당신의 생각의 속도가 빨라졌는가?	2=엄청나게 빨라졌음 1=평소보다 빨라졌음 0=둘 다 아님
3. 당신의 과거 장면들이 재현되었는가?	2=과거의 장면이 내 통제를 벗어나 눈앞에 펼쳐짐 1=과거의 많은 사건들을 기억함 0=둘 다 아님
4. 갑자기 모든 것을 이해하는 것 같았는가?	2=우주에 대해 1=나 또는 타인에 대해 0=둘 다 아님
정서적	
5. 평화나 유쾌함을 느꼈는가?	2=엄청난 평화 또는 유쾌함 1=안도감 또는 고요 0=둘 다 아님
6. 기쁨을 느꼈는가?	2=엄청난 기쁨 1=행복감 0=둘 다 아님
7. 우주와 조화나 일치감을 느꼈는가?	2=세상과 하나 된 일치감 1=더 이상 자연과의 갈등이 없음 0=둘 다 아님
8. 찬란한 빛을 보거나 그 빛에 둘러싸였는가?	2=신비롭거나 다른 세계로부터 온 것이 분명한 빛 1=대단히 밝은 빛 0=둘 다 아님

초자연적	
9. 당신의 감각이 평상시보다 선명했는가?	2=엄청나게 더 그랬음 1=평상시보다 더 그랬음 0=둘 다 아님
10. 마치 초능력처럼, 다른 곳에서 일어나는 일을 인지하는 것 같았는가?	2=네. 그 인지가 추후 사실로 확인됨 1=네. 그러나 아직 사실 확인이 안 됨 0=둘 다 아님
11. 미래의 장면을 보았는가?	2=세상의 미래 1=개인적인 미래 0=둘 다 아님
12. 자신의 육체로부터 분리된 느낌을 받았는가?	2=분명히 육체를 떠나 그 바깥에 존재했음 1=육체를 인지하지 못했음 0=둘 다 아님
초월적	
13. 다른 기이한 세계에 들어간 것 같았는가?	2=분명히 신비롭거나 초자연적인 영역에 1=낯설고 이상한 장소에 0=둘 다 아님
14. 신비한 존재 또는 임재를 맞이한 것 같았는가?	2=분명히 신비롭거나 다른 세계로부터 온 것이 확실한 존재 또는 음성 1=미확인된 음성 0=둘 다 아님
15. 죽은 자의 영혼이나 종교적 인물을 보았는가?	2=보았음 1=그들의 존재를 감지했음 0=둘 다 아님
16. 국경 또는 돌아올 수 없는 지점에 도달하였는가?	2=내가 건너는 것이 허용되지 않았던 장벽; 또는 의도치 않게 삶으로 '돌려보내짐' 1=삶으로 '돌아가겠다'는 의식적인 결정 0=둘 다 아님

브루스 그레이슨은 「근사체험과 영성(Near-Death Experiences and Spirituality)」이라는 글에서 NDE에 대해 다음과 같이 정리했다.

> NDE는 종종 그것을 경험한 사람의 가치관을 변화시켜 죽음에 대한 두려움을 줄이고 삶에 새로운 의미를 부여한다. 또한, 자아 중심에서 타인 중심으로의 의식 전환, 조건 없이 사랑하는 성향, 공감 능력 향상, 지위 상승이나 물질적 소유에 대한 관심 감소, 죽음에 대한 두려움 감소, 영적 의식의 심화로 이어진다. 많은 경험자들은 더욱 공감과 영성을 지향하게 된다. 그들은 사후에도 세계가 지속되므로 죽음은 더 이상 두려운 게 아니며 물질적 소유보다 사랑이 더 중요하다고 믿는다. 또한, 모든 일은 이유가 있기에 일어난다고 믿는다. 이러한 변화는 '상대적으로 짧은 시간에 걸쳐 일어나는 종교적 신념과 태도, 행동의 극적인 변화'로서 영적 변화의 정의를 충족한다. NDE는 특정 종교나 영적 전통을 장려하기보다는 경험자와 사회의 전반적인 성장을 촉진한다.[7]

브루스 그레이슨은 현재까지도 꾸준히 연구 결과를 발표하고 있으며, 이어 소개할 핌 반 롬멜과도 학문적 교류를 활발히 하고 있다.

5) 핌 반 롬멜(Pim van Lommel, M.D.)

〈핌 반 롬멜〉
(핌 반 롬멜 제공)

핌 반 롬멜은 네덜란드의 심장내과 전문의로, 우리나라의 EBS 다큐멘터리에도 소개된 적이 있다.[8] 당시 방송에서는 NDE에 관한 그의 연구 중 하나가 《The Lancet》 저널에 게재되었다는 점을 집중 조명 했다. 이 저널은 영국의 전통 있는 의학 학술지이며, 세계적으로 인정받는 의학 저널 중 하나이다.

'SCI 임팩트 팩터(SCI impact factor)'는 과학 저널의 신빙성을 평가하는 척도, 즉 해당 학술지가 얼마나 많이 인용되었는가를 반영하는 지표이다. 학술지의 영향력 및 인용 데이터를 제공하는 보고서인 JCR(Journal Citation Reports)에 따르면, 2021년 기준 《The Lancet》 저널의 SCI 임팩트 팩터는 202.731로 전 세계 의학 학술지를 통틀어 가장 높은 수치이다. 참고로, 2018/2019년 기준 임팩트 팩터 10을 넘긴 과학 학술지는 1.97%에 불과하다. 그렇다면, 《The Lancet》의 임팩트 팩터가 얼마나 말도 안 되게 높은 수치인지 짐작할 수 있다.

그가 발표한 논문의 제목은 「심정지 생존자들의 근사체험: 네덜란드에서의 전향적 연구(Near-death experience in survivors of cardiac arrest: a prospective study in the Netherlands)」이다.[9] 여기서

주목할 것은 **전향적 연구**라는 용어인데, 이것은 그동안 대부분의 근사체험 연구가 **후향적 연구**로 이루어졌던 것과 대조된다. 이 논문은 NDE에 대한 최초의 전향적 연구였으며, 이후에도 많은 연구들이 진행되었지만 여전히 가장 큰 규모의 전향적 연구로 남아 있다.

참고로, **후향적 연구**는 과거에 발생한 사건이나 질병을 조사하는 연구 방법이다. 이 방법은 과거의 자료를 기반으로 하기에 비용이 적게 들고 연구 결과를 빨리 도출할 수 있는 장점이 있다. 반면에, 이미 생성된 데이터를 사용하기 때문에 연구자가 원하는 맞춤식 데이터를 얻기 어려울 수 있으며(정보 편향), 연구 집단 선정 과정에서 선택 편향이나 연구 대상의 회상 편향 등이 발생할 수 있다는 단점이 있다.

전향적 연구는 미래에 발생할 사건이나 질병을 조사하기 위해 현재부터 계속 자료를 수집하는 연구 방법이다. 이 방법은 맞춤식 데이터를 얻기 위한 조건 통제가 가능하며, 선택 편향과 회상 편향을 최소화할 수 있다는 장점이 있다. 반면에, 연구 결과를 도출하기까지 시간이 오래 걸리고 비용이 많이 드는 것이 단점이다.

롬멜은 논문의 시범 연구 기간 중 심장중환자실(coronary care unit) 간호사가 진술했던 실제적인(veridical) 유체 이탈 사례의 목격담을 다음과 같이 공유했다.

야간 근무를 하던 날, 창백한 44세 남자 환자가 혼수(comatose)상태로 구급차에 실려 심장중환자실에 도착했어요. 한 시간쯤 전에 목초지에서 행인에게 발견되었다고 해요. 우리는 그 환자에게 내원 즉시 심장 마사지를 실시하고 제세동기를 연결하는 동시에 기도삽관 전 인공호흡을 했어요. 기도삽관을 하려는데 입안에 틀니가 있어서, 저는 그것을 '크래시 카트*'에 넣어두었죠. 그러는 동안에도 심폐소생술은 계속 진행했고요. 한 시간 반쯤 지나자 환자의 심박동과 혈압이 회복되었지만, 여전히 혼수상태로 기도삽관을 유지한 채 인공호흡기에 연결되어 있었어요. 그 환자는 인공호흡기 치료를 지속하기 위해 중환자실로 전실되었고, 일주일 정도가 흘렀어요. 그 후 환자는 다행히도 회복되어 일반 병실로 옮겨졌고, 마침 제가 약을 전달하러 가게 되었지요. 제가 병실로 들어서자마자 그 환자는 "아, 내 틀니가 어디에 있는지 저 간호사가 알고 있어요."라고 말하는 거예요. 저는 너무 놀랐어요. 그는 "그렇죠, 내가 병원에 실려 왔을 때, 당신이 내 입안에 있던 틀니를 빼서 카트에 두었잖아요. 물병들이 실려 있고, 슬라이딩 서랍이 달린 그 카트 말이

---

* 크래시 카트(Crash cart): 심정지 환자의 소생술에 필요한 의료기구와 약물을 보관해 놓는 의료진용 카트.

에요. 거기에 내 틀니를 넣었잖아요."라며 더 자세히 설명하는 거예요. 저는 정말 경악했어요. 그 일은 분명 그가 깊은 혼수상태로 심폐소생술을 받던 중에 있었던 일이기 때문이죠. 제가 더 자세히 말해보라고 하자, 그는 거기 누워 있던 자신의 몸과 분주히 움직이던 의료진을 위에서 내려다보았다고 말했어요. 게다가 당시 심폐소생술이 이루어졌던 작은 병실뿐만 아니라 저와 같이 참여했던 의료진의 모습까지 정확히 묘사했죠. 그때 그는 그 상황을 모두 지켜보면서 우리들이 심폐소생술을 멈출까 봐, 그래서 자신이 죽을까 봐 너무 두려웠대요. 병원에 실려올 때만 해도 상태가 매우 안 좋았기에 우리도 사실 환자의 예후에 대해 매우 비관적이었어요. 환자는 자신이 아직 살아 있으니 심폐소생술을 계속해야 한다고 우리에게 전달하려 절실히 노력했지만 실패했다고 말했어요. 그는 자신의 경험에 깊은 인상을 받았고 더 이상 죽음이 두렵지 않대요. 4주 후, 그는 건강하게 퇴원했지요.

이 논문의 연구 목적은 심정지 환자에서 발생하는 NDE의 빈도를 계산하고, 그 빈도와 내용, 깊이에 영향을 미치는 요소를 찾는 것이었다. 연구 대상은 네덜란드에 위치한 10개 병원의 심장중환자실에서 성공적인 소생술을 거쳐 심정지로부터 살아남은 344명의 심장내과 환자들이었다. 사망 진단은 심전도(Electrocardiogram, ECG) 검사 결과를 기준으로 이루어졌다. 환자 인터뷰는 소생 후 수일 이내에 케네스 링의 WCEI를 사용하여 NDE의 발생률과 깊이를 측정하기 위해 진행했다. 이어서 2년 후와 8년 후에는 삶의 변화 목록(life-change inventory)*과 관련한 인터뷰가 이루어졌다. 다만, 이 시점까지 살아남은 환자 수가 제한적이었기 때문에, 심폐소생술과 2년 및 8년 후 인터뷰 사이의 시간 간격, 나이와 성별에 맞추어 대조군을 설정했다.

결과는 매우 흥미로웠다. 344명에게 시행한 총 509회의 심폐소생술 중 12%가 NDE를 경험했으며, 이 중 8%가 핵심경험(core experience; 케네스 링의 분류로는 중도 경험자 이상의 깊이)을 한 것으로 나타났다. 이는 이전에 퀴블러-로스가 제시한 수치와 비슷했다.[5] 또한, 여성에서는 남성보다 깊이 있는 경험이 더 많이 있었는데, 이는 케네스 링이 이전에 발표한 연구 결과와도 일치했다.

한편, 종교나 교육 수준, 투여된 약물, 두려움, 심정지 기간, 의식불명 기간 등은 NDE의 발생률에 영향을 미치지 않았던 것으로 나타났다. 이 결과는 NDE가 종교적 영향이나 약물 부작용, 또는 두려움이 만들어낸 심리적 방어 기제일 것이라는 일각의 주장을 불식시키는 것이었다. 롬

---

* 삶의 변화 목록(life-change inventory): 레이먼드 무디가 나눈 죽음의 경험 15개 항목 중 '⑬ 삶에 미치는 영향(Effects on Lives)'과 연결되는 내용이다.

멜은 만약 순수하게 대뇌 무산소증으로 인한 생리적 원인만으로 NDE가 유발되는 것이라면, 대다수의 환자들도 이것을 경험했어야 한다고 해석했다.

이처럼 심리적, 신경생리학적, 생리학적 인자가 심정지 후 겪는 NDE를 유발하지 않는 것으로 나타난 것과 관련하여 그는 심장내과 의사 마이클 세이봄(Michael Sabom)의 저서에 소개된 사례를 인용했다. 미국의 한 여성이 뇌동맥류 수술을 받던 중 합병증으로 뇌피질과 뇌간의 뇌파(Electroencephalogram, EEG)가 완전히 정지했다가 다행히 성공적으로 수술을 마치고 회복한 사례였다. 이 여성 환자는 수술 중 뇌파 정지 기간 동안 유체 이탈을 비롯한 NDE의 심도 경험을 한 것으로 확인되었다. 후속 검증을 통해 그녀가 유체 이탈 중 관찰했던 내용 역시 사실로 입증되었다.[10]

심정지 환자의 경우, 의식을 잃은 후 약 10초 이내에 뇌파가 정지한다. 즉, 뇌기능이 멈춘 분명한 사망 상태이다. 이런 환자들이 어떻게 몸 밖에서 명료한 의식을 경험할 수 있냐며 그는 놀라워했다. 게다가, 맹인들이 NDE를 경험했을 때 유체 이탈 중 현실을 인식(perception)했던 사례를 언급했다.[11] 그러면서, NDE는 인간 의식의 범위와 마음-뇌 관계에 대한 의학적 이해의 한계를 다그친다고 말했다.

2년 후, NDE 생존자들을 추적 관찰한 결과, 그들은 자신들의 근사체험 경험을 거의 정확하게 회상할 수 있었다. 또한, NDE 생존자들은 대조군과 비교했을 때 사후세계에 대한 믿음이 유의하게 증가한 것으로 나타났다. 얼마나 깊게 NDE를 경험하는가에 따라 자기 삶의 의미와 타인에 대한 사랑과 관용 등에서 높은 점수를 보였다.

이러한 결과는 8년 후 추적 관찰에서도 동일하게 나타났다. 여전히 그들은 근사체험 경험을 거의 정확하게 기억해 냈으며, 사후세계에 대한 믿음 역시 대조군보다 뚜렷하게 나타났다. 삶의 의미에 대한 이해와 타인에 대한 관용, 사랑과 공감 등의 긍정적인 변화는 2년 후 추적 관찰 때보다 더욱 뚜렷해졌다. 이러한 변화는 다른 여러 독립적인 연구자들로부터 보고된 결과와도 일치한다. 롬멜은 "단 몇 분의 심정지 기간 동안의 경험이 그들의 인생에 장기적인 변화를 가져왔다는 사실은 놀랍고도 예상치 못한 발견"이라고 했다. 만약 이들의 경험이 진짜가 아니었다면, 이들 각자 인생의 가치관에 이토록 지속적인 영향을 끼치기란 어려운 일일 것이다.

다음에 소개할 샘 파니아 역시 또 다른 흥미로운 전향적 연구를 게재한다.

6) 샘 파니아(Sam Parnia, M.D.)

샘 파니아는 현재 미국 뉴욕 의대의 중환자 치료 및 소생 연구 감독이다. 그가 뉴욕의 스토니브룩 병원에 근무하던 당시, AWARE 프로젝트를 진행할 때 우리나라 방송사인 KBS에 등장한 적이 있다.[12] 이 프로젝트가 흥미로웠던 이유는, 설계가 매우 간단하면서도 독특했기 때문이다.

연구의 내용은 이러하다. 심정지 환자의 소생술이 이루어지는 장소의 한쪽 벽에 선반을 설치하고, 그 위에 그림을 올려놓는다. 침대에 누워 있는 환자는 물론 서서 일하는 의료진의 눈높이에서는 그 선반 위에 올려진 그림이 무엇인지 알 수 없다. 오직 천장 높이에서 아래를 내려다볼 때에만 그림을 볼 수 있다. 그러므로 심정지 환자가 유체이탈을 경험한다면, 선반 위에 어떤 그림이 있는지 알 수 있을 것(시각적 인지)이라는 게 이 연구가 밝히고자 한 핵심 내용이었다. 방송 당시에는 연구가 진행 중이었기에 결과가 나오지 않았지만, 현재 이 책을 읽고 있는 독자들에게는 결과를 소개할 수 있다.

2014년에 《Resuscitation》이라는 학술지에 해당 연구 논문이 게재되었다. 논문의 제목은 「소생술 중의 인지(認知)-전향적 연구(AWARE-AWAreness during REsuscitation-A prospective study)」였다.[13] 샘 파니아는 본인이 근무하던 병원뿐 아니라 미국, 영국, 호주의 여러 병원에서 4년 동안 2,060건의 심정지 사례를 수집했으나, 이 중 330명만 생존했고 그중 140명을 연구에 포함시킬 수 있었다.

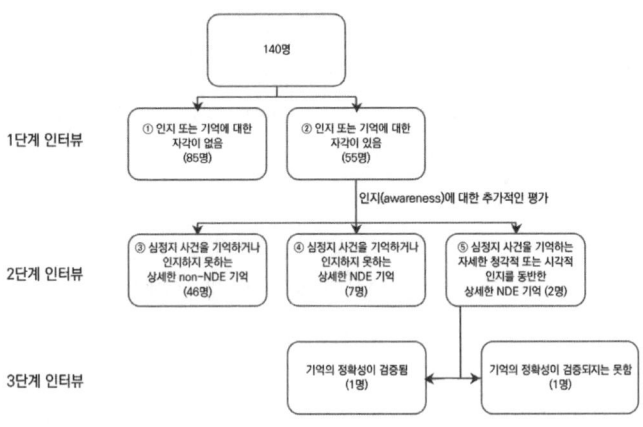

⟨ AWARE 프로젝트의 연구 대상자 분류 ⟩

이 140명을 대상으로 총 3단계 인터뷰를 진행했다. 2단계 인터뷰에서는 Greyson NDE Scale*을 사용했다. 인터뷰를 통해 대상자들을 다음과 같이 5가지 카테고리로 분류했다.

① 인지 또는 기억에 대한 자각이 없음(85명)
② 인지 또는 기억에 대한 자각이 있음(55명)
  : NDE Scale에 대한 환자의 응답을 기반으로, 두 번째 카테고리는 아래의 세 카테고리로 세분화함.
③ 심정지 사건을 기억하거나 인지하지 못하는 상세한 non-NDE 기억(46명)

---

* Greyson NDE Scale: 본서 43쪽의 표2에 소개했던 Greyson NDE Scale. 총 32점 만점 중 7점 이상부터 NDE로 인정할 수 있다.

54　The Soul

④ 심정지 사건을 기억하거나 인지하지 못하는 상세한 NDE 기억(7명)
⑤ 심정지 사건을 기억하는 자세한 청각적 또는 시각적 인지를 동반한 상세한 NDE 기억(2명)

요컨대 이 연구는 NDE의 여러 항목 중 유체 이탈에 주목하고, 여러 단계의 엄격한 필터링을 적용한 것이었다. 카테고리 ②에 분류된 55명은 모두 심폐소생술 당시에 임상적으로 의식이 없었던(Glasgow Coma Scale* 3점) 환자들이었다. 그럼에도 불구하고, 이들은 놀랍게도 자각하고 있었다. 이에 그치지 않고 이들을 다시 Greyson NDE Scale을 통해 카테고리 ③ ④ ⑤로 세분했다.

이 연구에서는 NDE Scale 7점 이상부터 NDE로 인정했는데, 카테고리 ④에 분류된 환자들의 NDE Scale 중앙값(median)은 10이었으며, 가장 높은 값은 22였다. 결국, 이러한 엄격한 필터링을 모두 거쳐 카테고리 ⑤에 분류된 환자는 단 2명뿐이었는데, 공교롭게도 이 2명은 모두 선반이 설치되지 않은 비응급 구역에서 심정지(심실세동, Ventricular Fibrillation)를 겪었다. 따라서 국내 방송사와 시청자가 기대했던, 선반 위의 그림을 알아맞히는

---

* Glasgow Coma Scale: 의료진이 환자의 의식 상태를 객관적으로 판단하기 위해 사용하는 진찰 방법이다. 언어 반응, 운동 반응, 눈을 뜰 수 있는 정도 등에 따라 최저 3점부터 최고 15점으로 나뉜다. 이 중 3점은 의식이 없는 상태, 즉 코마(coma)로 분류된다.

검증 과정은 거칠 수 없었지만, 다른 방법으로 NDE 당시의 청각적·시각적 인지의 정확성을 검증할 수 있었다.

카테고리 ⑤에 속했던 두 명 중 한 명이었던 57세 남자 환자는 심정지(심실세동, Ventricular Fibrillation)로 인한 심폐소생술이 이루어지던 당시, 병실 천장 모서리에서 자신의 시체와 간호사, 작고 다부진 체구에 파란 옷을 입고 파란 모자를 쓴 대머리인 남자 의료진을 내려다보았으며(시각적 인지), 자동 제세동기에서 나오는 자동 음성을 들었다(청각적 인지). 남자 의료진이 수술용 모자를 썼음에도 대머리였다는 걸 알 수 있었다고 했다. 소생한 환자는 다음 날 자신을 방문한 대머리 남자 의료진을 알아보았다. 추후 의료 기록을 대조해 본 결과, 환자가 묘사했던 남자 의료진이 이 환자의 심폐소생술에 참여했던 것으로 확인되었으며, 자동 음성이 나오는 자동 제세동기(AED)를 사용했던 것 역시 확인되었다.

다른 한 명은 건강 상태가 좋지 않아 추적 관찰을 통한 검증은 이루어지지 못했으나, 역시 심정지 당시 간호사의 코드블루[*] 요청을 들었고(청각적 인지), 천장에서 자신의 시체와 진행 상황을 모두 내려다보았다고(시각적 인지) 했다. 이전에는 알지 못했던 간호사를 보았고 소생 후에 알아보았다. 의사가 기도삽관을 하고, 간호사가 혈압을 재고, 흉부압박을 하고, 혈액가스분석(Blood Gas Analysis)

---

[*] 코드블루: 병원 내 환자에게 심장마비 등으로 심폐소생술이 필요한 상황이 발생할 경우 소생팀을 호출하는 신호

과 혈당체크를 위해 채혈하는 과정을 모두 보았다고 했다.

이 논문이 서두에서 밝힌 연구 목적은 두 가지였다. 첫 번째는 소생술 중 인지(NDE)의 발생률을 알아보는 것이었다. 심정지 환자에서 NDE의 발생 빈도는 9%로 나타났으며, 이는 이전의 독립적인 연구들에서 나타난 10% 수준과 유사한 수치다. 두 번째는 심정지 동안 겪는 시각적·청각적 인지의 정확성을 테스트하기 위한 새로운 방법을 시도하는 것이었다. 특히나 심실세동의 경우 심장의 수축이 이루어지지 않으므로 대뇌혈류를 기대할 수 없으며, 수초 이내에 뇌파가 정지하므로 뇌기능도 기대할 수 없다고 샘 파니아는 설명했다. 이것은 일각에서 주장하는 마치 중 각성과는 다름을 시사한다고도 했다.

이 연구는 전향적 연구의 장점을 살려 흥미로운 검증법을 시도한 것이다. 다기관(Multicenter) 연구를 통해 모집단을 늘렸다는 점도 장점으로 꼽을 수 있다.

이후, 샘 파니아는 2023년에 AWARE II를 《Resuscitation》지에 게재하였다. 이 연구의 정식 제목은 「소생술 중의 인지-II: 심정지에서 의식과 인지에 관한 다기관 연구(AWAreness during REsuscitation-II: A multicenter study of consciousness and awareness in cardiac arrest)」이다.

그는 이 논문에서 NDE를 심폐소생술로 유도된 의식

(CPR-induced consciousness)*과는 대조되는 개념으로 설명했다. NDE에서는 심정지 중에도 생존자들이 초월적인 경험을 통한 변화, 체외 시각적 인식과 의식의 명료함, 합목적인 주마등 등의 긍정적인 변화를 보인다. 반면에, 심폐소생술로 유도된 의식에서는 호전성이나 불안, 고통의 신음, 눈 뜸, 뒤척거림 등의 의식 징후가 관찰된다.

그뿐만 아니라, 소생술 후 기간 중 혼수상태에서 깨어나는 현상(Emergence from Coma in Post-Resuscitation Period), 꿈, 망상까지도 NDE와는 명료하게 구분하여 연구 대상자들을 분류할 수 있었다.

그는 해당 논문을 "이것을 부정하는 것은 불가능해졌다. NDE는 이제 편견 없이 진정성 있는 경험적 조사를 더 진행할 가치가 있다."라는 문장으로 마무리했다.[14]

---

* 심폐소생술로 유도된 의식(CPR-induced consciousness): 심정지 중 의료진이 흉부 압박을 실시할 때, 환자에게서 자발적이면서도 목적적인 움직임이 관찰되는 현상을 말한다. 이때 흉부 압박을 멈추면, 환자에게서 나타나던 자발적이고 목적적인 움직임 역시 중단된다.[50]

2. NDE를 경험한 의사들

NDE를 연구하지도 않았고 관심도 없었지만, 의도치 않게 경험했던 의사들도 있다.

1) 메리 닐(Mary C. Neal, M.D.)

메리 닐은 미국 와이오밍주의 척추외과 의사이다. 그녀는 1999년 칠레의 푸이강에서 카약을 타던 중 '익사' 사고를 통해 NDE를 경험하게 되었다. 강의 폭포 밑에서 카약이 뒤집혀 몸이 끼어 있었고, 그 위에는 다른 사람의 카약이 얹히는 바람에 물속에 잠긴 채 구조받지 못했던 사고였다. 30분간 산소 공급을 받지 못했던 그녀는 그 시간 동안 자신의 영혼이 몸에서 벗어나는 것을 느꼈고, 이후 자신의 시체가 가까스로 건져졌을 때 그 시체에 심폐소생술을 시행하는 일행을 목격했다. 이어 자신을 마중 나온 다른 영혼들을 만나 그들과 언어를 사용하지 않고 대화했으며, 그들을 따라 강렬하게 빛나는 장소를 향해 갔고 예수님의 임재를 느꼈다고 했다. 그러면서도 자신이 보고 느낀 것을 제대로 표현할 수 없다고 했는데, 이유는 세상의 언어에는 그것을 설명할 수 있는 단어와 개념이 존재하지 않기 때문이라고 했다. 바로 형언불가성을 말한 것이다. 또한, 그녀가 소생해야 했던 이유를 예언과도 같은 vision을 통해 알게 되었다. 그것은 향후 자신의 가정에 두 가지 큰 사건이 발생할 것이며, 그때 자신이 꼭 필요할 예정이기 때문이라는 것이었다. 그로부터 10년이 지나 그 사건들이 실제로 일어나게 된다.

NDE의 주요 항목들이 모두 포함된 이러한 경험은 그녀의 자전적인 도서 『외과의사가 다녀온 천국(To Heaven and Back)』[15]과 잭슨빌에서 했던 'TED 강연'[16]에 매우 구체적으로 묘사되어 있다. 그녀는 자신을 의사이자 과학자로서 수와 통계 자료를 다루며, 회의적이면서 냉소적인 현실주의자라고 소개한 바 있다. 이러한 특성으로 인해 그녀는 누구보다 분석적이고 의심도 많기에 직접 경험하지 않았다면 그 어떤 것도 믿지 못했을 것이라고 말했다. 그러면서 직접적으로 다음과 같이 서술했다.

> 최근 들어 비로소 의학계가 치유와 죽음의 과정에 영적인 면이 개입된다고 잠정적으로 인정하기 시작했지만, 환자들은 이미 오래전부터 그것을 직접 체험해 왔다.…(중략)… 이처럼 과학과 영성은 오랫동안 공존할 수 없는 영역으로 여겨져 왔다.[15]

2) 이븐 알렉산더(Eben Alexander, M.D.)

이븐 알렉산더는 미국의 신경외과 의사이다. 2008년 슈퍼박테리아에 의한 뇌수막염으로 7일간 코마(coma) 상태로 인공호흡기에 의존했다. 코마란, 지속적으로 의식이 없는 상태를 의미하는 의학 용어이다. 그때 NDE를 경험했다는 그는 다음과 같이 말했다.

> 나는 코마를 겪음으로써 많은 것을 배웠다. 먼저, NDE 및 그와 관련된 신비한 인지(awareness) 상태는 존재의 본질에 관한 중대한 진실을 드러낸다. 이것을 단지 환각으로 치부하는 것이 기존 과학계의 많은 이들에겐 편리하겠지만, NDE가 우리에게 드러내는 더 깊은 진실로부터는 지속적으로 멀어지게 만들 뿐이다. 과학계의 많은 이들에게 받아들여졌던, 물리적 뇌가 의식을 생산하며 우리 인간의 존재는 탄생부터 죽음까지이고 그 이상은 없다는 가정을 포함한 기존의 환원적 유물론*(물리주의자) 모델은 근본적으로 결함이 있다. 그 핵심은 물리주의자 모델이, 내가 모든 존재의 근본이라고 믿는, 의식(consciousness) 자체를 의도적으로 묵살한다는 점이다.[17]

> 과학적 유물론은, 오로지 물리적 물질만이 존재하며 의식은 뇌와 신체의 작용에 의존하는 착각일 뿐이라고 주장한다.…(중략)… (그러나) NDE는, 물리적 뇌가 의식을 생산하는 것이 아니며 의식은 영원

---

* 환원적 유물론(reductive materialism): 의식을 포함한 모든 종류의 정신 상태가 물리적 상태에 상응한다는 이론이다. 즉, 마음이 뇌와 '환원(등가화)'될 수 있다는 주장이다.

히 존재한다는, 과학계에 떠오르는 깨달음의 선봉이다.

"뇌가 어떻게 의식을 생산하는가?"라는 질문은 근본적으로 결함이 있다. 의식은 원소처럼 우리 우주의 기본 요소이기 때문이다. NDE는 우리에게 영혼이 물리적 죽음 이후에도 살아남음을 가르쳐 준다.[18]

3. 국내의 사례

그렇다면 국내의 사정은 어떨까? 안타깝게도, 대한민국의 의료 환경은 NDE를 연구하기에 어려움이 있다. 아직까지 NDE에 관한 국내 연구 논문은 찾아볼 수 없으며, 앞으로도 그럴 가능성이 높다. 하지만 다행히도 방송사에서 취재하여 제작한 다큐멘터리들은 찾을 수 있었다. EBS와 KBS의 방송분은 2014년도에 방영된 것으로, 해외의 연구자들과 체험자들을 주로 다루었다. 반면, 1995년도에 방송된 SBS의 다큐멘터리에서는 국내 체험자들을 더 비중 있게 다루었다. 그리고 놀랍게도, 국내에서 역시 매우 동일한 사례들을 마주하게 된다.

- **SBS <그것이 알고 싶다>**
(152회 저세상으로의 여행 - 죽었다 살아난 사람들 1995. 7. 29.)
해당 방송분은 공식 유튜브 채널에도 10분 정도의 영상으로 정리되어 있다.[19] 방송에서는 국내외를 오가며 근사체험 사례자들을 찾아 취재한 결과 사례자들 사이에 공통적인 부분이 있음을 발견하고 그 내용을 다음과 같이 요약했다.

> 말하자면 환자의 육체에서 영혼이 빠져나오기 때문에 일어나는 현상이라는 것입니다. 그리고 그렇게 몸을 벗어난 영혼은 매우 자유롭게 움직일 수 있

어서 생각만 하면 순식간에 이동해 갈 수 있는 그런 상태가 된다는 것입니다. 대부분의 체험자들이 나중에 깨어나서 정말 유체 이탈 상태에서 자신이 본 것이 사실인지 확인해 보게 되는데, 결과는 모두 그 장면들이 엄연히 존재했던 객관적인 사실들임이 확인된다는 것입니다. 그런가 하면 어떤 사람은 어둠에서 빛으로 가는 과정에서 이미 죽은 혈육이나 지인들을 만나기도 했다는 것입니다. 그리고 체험자들에게 또 하나 놀라운 경험은 빛 속에서 자신의 과거가 한순간에 펼쳐지는데, 자연스럽게 자신의 행위에 대한 선악의 판단과 반성이 이루어졌다고 합니다. 체험자들은 빛으로부터 느끼는 사랑과 평온함 속에서 그렇게 스스로를 돌아보는 과정을 거치는데, 그때의 느낌들이 훗날 그들에게 커다란 영향을 미치게 되었다고 말하고 있습니다. 체험자들은 만약 그것이 꿈이었다면, 그토록 자신들의 삶에 강한 변화를 가져올 수는 없을 것이라고 했습니다. 그리고 그들은 체험적으로 영혼의 존재와 사후세계를 믿게 되었다고 합니다.

10분 동안의 편집 영상에 등장한 경험자들의 인터뷰에서, 레이먼드 무디의 『Life After Life』에 정리된 '죽음의 경험' 15개 항목 중 12개가 확인되었다. '① 형언불가성, ② 사망 소식을 들음, ③ 평화와 고요의 느낌, ⑤ 어두운 터널, ⑥ 유체 이탈, ⑦ 죽은 자를 만남, ⑧ 빛의 존재, ⑨ 주마등, ⑫ 타인에게 말하기, ⑬ 삶에 영향, ⑭ 죽음에 대한 새로운 관점, ⑮ 입증'이 그러하다. 방송에 나온 인터뷰 중 몇 개를 발췌해 보았다.

수술 후 근사체험을 경험했던 여성 외국인
: "몸 밖에 나왔을 때 고통이 없었고 모든 것으로부터 자유로웠어요. 나는 누구의 아내도 아니고 그냥 나 자신일 뿐이었어요."
: "한 아기가 내 앞에 나타났어요. 그리고 말하기를, '내가 네 오빠다.' 하는 거예요. 내가 '나는 오빠가 없어.'라고 말했죠. (그러자 그 아기는) '돌아가면 아버지한테 얘기해.'라고 했고, 나는 돌아왔을 때 아버지께 그 이야기를 했어요. 아버지는 '네가 어떻게 그걸 아는지 알 수 없구나. 네 엄마와 나만 아는 사실이었는데.'라고 하시더군요."

페니실린 쇼크로 근사체험을 경험했던 이 모 씨
: 취재진은 이 모 씨의 의무 기록을 통해 당시에 그가 1분 50초간 무의식 상태였음을 확인했다. 그런데 그 시간이 당사자에겐 엄청나게 긴 시간처럼 느껴졌다고 한다.
: "영혼이 이렇게 붕 떴는데, 천장 형광등 위에 고무풍선처럼 둥둥 떠다녔어요. 혼이. 그러면서 놀

라운 느낌이 있는데, 다 보이는 거예요. 아래가. 의사들이 이렇게 피를 닦아 내던 거."

: "우리 아버지 좀 보고 싶다 그랬더니 세상에! 우리 아버지가 그냥 보이는 거예요. 우리 어머니하고. 우리 아버지 어머니 말씀하시는 것도 다 보이는데, (지인이) 쌀 열한 가마니를 7년 전에 가져갔는데 안 갚았다는 거예요. '올해도 안 갚으면 논이라도 잡자는 얘기를 했습니까?'라고 했더니, 저희 아버님이 얼굴이 빨개지면서 우리 어머니하고, 어떻게 네가 그걸 아느냐고 귀신이 곡할 노릇이라는 거예요."

: "말로 형용할 수 없는 찬란한 빛이었고, 살아온 내 모든 과거가 그 빛 속에서 보이는 거예요. 한 순간에."

: "내가 나를 모르겠더라고요. 내가 내 몸 안에서 보는 것인지, 몸 밖에서 보는 것인지."

Explanation

내가 그리스도 안에 있는 한 사람을 아노니
십사 년 전에 그가 세째 하늘에 이끌려 간 자라
(그가 몸 안에 있었는지 몸 밖에 있었는지
나는 모르거니와 하나님은 아시느니라)
......
그가 낙원으로 이끌려 가서 말할 수 없는 말을 들었으니
사람이 가히 이르지 못할 말이로다
(고린도후서 12:2, 4)

Explanation

　지금까지의 탐구(Exploration) 결과를 종합해 보면, NDE는 실재(實在)하는 현상임을 알 수 있다. 그러나 NDE를 경험한 사람들과 그 현상을 심층적으로 연구한 사람들을 제외한 대부분의 사람들에겐 좀처럼 받아들이기 어려운 현상이기도 하다.

　유물론적 시각에서, 생물학적으로 혹은 약물학적으로 NDE를 설명하려는 시도는 초창기인 레이먼드 무디 때부터 있었다. 레이먼드 무디는 첫 저서 『Life After Life』를 펴내기 전, NDE와 관련된 여러 세미나를 진행하던 시기에 이미 이러한 시도에 대한 고찰을 거쳤던 것으로 보인다. 예를 들어, NDE는 단순한 환각이나 약물 반응 또는 뇌가 죽을 때 나타나는 일련의 현상일 수 있다는 의문이 있다. 이러한 의문을 해결하는 과정에서 그는 유물론적 시각으로 NDE를 설명하려는 것은 설득력이 부족하다는 점을 깨닫고 그 이유를 책의 상당 부분을 할애해 자세히 설명했다. 이후 약 50년 동안 초기 연구자들뿐만 아니라 차세대 연구자들에 이르기까지 NDE에 대한 연구는 계속되고 있다.

독립적인 연구자들 각각의 결론이 한 가지의 합의점(Consensus)에 도달하는 것은 매우 흥미로운 동시에 간과할 수 없는 현상이다. 이것은 과학의 중요한 특성중 하나인 재현성(Reproducibility)과도 연결되기 때문이다.

NDE라는 난제를 합리적으로 설명할 수 있는 실마리가 하나 있다. 그것은 바로 책의 초반에 언급한 '형언불가성(Ineffability)'이다.

1. 형언불가성(Ineffability)

NDE의 특성으로 형언불가성을 제일 먼저 언급한 레이먼드 무디는 "이 세상 것이 아닌 것만 같은 이 사건을 묘사하기에 적절한 인간의 언어를 찾을 수 없다(can find no human words adequate to describe these unearthly epidsodes)."라고 표현했다.[2] 도대체 왜 그럴까? 이해를 돕기 위해 한 소설* 속 이야기를 엿보겠다. 세상 모든 것이 평면으로만 이루어진 이상한 나라의 이야기이다.

> 모든 것이 납작한 이 나라의 이름은 플랫랜드(Flatland)이다. 이곳은 2차원의 세상으로, 길이와 넓이는 존재하지만 높이라는 개념은 없다. 이 나라에는 삼각형, 사각형, 그 이상의 다각형, 동그라미 모양을 한 납작한 사람들이 사회를 이룬다. 그들은 납작한 건물을 들락날락하거나 납작한 도시와 들판을 돌아다니며 살아간다. 따라서 사람들은 앞뒤와 좌우는 구별할 줄 알지만, [위·아래]라는 개념은 이해하지 못한다. 사람들은 상대방의 외모를 위에서 내려다볼 수 없으므로 상대를 하나의 선(線)으로만

---

* 영국의 빅토리아 여왕 시대였던 1884년 출판된 에드윈 A. 애벗의 소설 『플랫랜드』 속 이야기이다. 하위 차원과 상위 차원 간의 인식 차이를 재미있게 묘사했다. 그 개념 전달이 너무나 탁월하여 천문학자 칼 세이건도 자신의 저서 『코스모스』와 동명의 TV 다큐멘터리에서 차원을 설명할 때 인용했다.

인식한다. 자기 쪽에 가까운 변만 볼 수 있기 때문이다.

어느 날 저녁, 사각형의 수학자가 육각형의 손자에게 도형의 넓이를 가르치고 있었다. "한 변의 길이가 3인치인 정사각형의 넓이는 3^2, 즉 9제곱인치란다." 수학자의 말에 육각형의 손자는 곰곰이 생각하더니 "그러면, 3^3(3의 세제곱)은 기하학에서 어떤 의미가 있을까요?"라고 물었다. 수학자가 "적어도 기하학에서는 아무런 의미가 없단다. 기하학은 2차원만 존재하니 말이다."라고 대답했다. 그러나 천재성을 가진 육각형 손자는 틀림없이 기하학적으로 뭔가 다른 것(우리는 이것이 입체의 부피임을 알지만, 이 나라 사람들은 이러한 개념을 딱히 알 방법이 없다)이 만들어질 것 같다고 말했다. 기분이 상한 수학자는 그만 가서 자라고 손자를 방으로 보낸 후, 혼자서 크게 소리쳤다. "저 녀석은 바보야!"

이 모든 상황을 스페이스 랜드(Space land)라 불리는 3차원에서 지켜보던 구(球, Sphere)가 말했다. "그 아이는 바보가 아니에요. 3의 세제곱은 틀림없이 기하학적으로 의미가 있습니다." 아무것도 보이지 않지만 분명히 자신의 방 안에서 누군가의 말소리를 들은 사각형의 수학자는 온몸이 오싹해졌다. 보다 못한 구는 3차원의 공중에서 2차원의 플랫랜드에 강림했다. 플랫랜드의 평면에 닿은 구가

[위·아래]로 움직이자 사각형의 수학자는 구의 모양을 동그라미로 인식했다. 다만, 지금까지 자신이 도형들을 인식해 온 경험과 다른 방식으로 크기가 변하는 것 같았다.

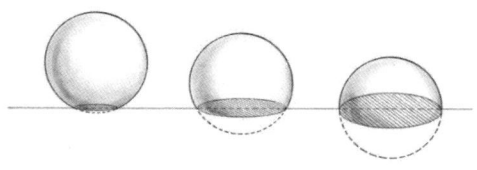

〈 구가 플랫랜드에서 위·아래로 움직임에 따라 동그라미의 크기가 변하는 모습 〉

혼란에 빠진 사각형에게 구는 자신이 위(up)라는 공간에서 왔으며, 그곳은 길이와 넓이만으로 구성된 2차원의 세상 너머에 존재하는, '높이'라는 개념이 추가된 3차원의 세상이라고 설명했다. 그러나 사각형은 자신이 속한 2차원의 과학으로는 도저히 이해할 수 없는 구의 말을 그저 사기꾼의 조롱 정도로 받아들인다. 끝내 화가 난 사각형은 구를 공격해 버리고 만다. 이때, 사각형이 보기엔 어떻게 그럴 수 있는지 모르겠지만, 구는 세계 밖으로 이동해 흔적도 없이 사라졌다. 사각형은 자신의 머리가 돈 건 아닐까 두려움에 떨며 신음했다. 구는 "왜 내 설명을 들으려 하지 않으세요? 난 3차원 복음을 전파할 수 있는 사도로 분별 있고 유능한 수학자인 당신이 적임자일 거라고 기대했어요."라며 실망스러운 목소리로 말했다. 그러자, 사각형은 폭주하며 "이 사기꾼! 미친놈! 불규칙!"이라고 외쳤다. 답답해진 구는 "하! 결국 이럴 건가요? 당신의 평면 세계를 벗어나 나와 함께 갑시다."라고 말하고는, 납작한 사각형을 데리고 위(up)라는 3차원의 공간으로 진입한다.

사각형은 비로소 구의 모습을 제대로 보게 되었다. 2차원에서는 크기가 변하는 동그라미로만 보였던 구가 3차원에서는 온전한 공의 모습을 하고 있는 것을 말이다. "나는 수많은 동그라미로 이루어진 존재, '하나의 동그라미 속에 있는 수많은 동그라미'로서 이곳에서는 구라고 불립니다." 사각형은 처음에는 이해할 수 없었지만, 이후 자신이 플랫랜드 아래(down)를 내려다보고 있다는 것을 깨달았다.

훗날, 이때를 사각형은 이렇게 회고한다. "저는 선이 아닌 선, 공간이 아닌 공간을 보았습니다. 나는 나이면서 내가 아니었어요." 이렇게 **유리한 관점**에서 그는 자신의 집의 모든 방에서 누가 무엇을 하고 있는지 한눈에 볼 수 있었다.

구를 따라 위를 향해 올라갈수록 시야는 더욱 넓

어졌다. 도시의 모든 집과 그 안의 사람들, 신비한 대지와 깊은 광산, 언덕 속 동굴들이 한눈에 펼쳐졌다. 차원 간 여행을 마치고 집으로 돌아온 사각형은 자신이 경험한 [위·아래]의 개념을 수학자로서 플랫랜드의 사람들에게 열심히 설명했다. 이제 편견에서 벗어나 3차원을 믿어야 한다고 말이다. 그러나 2차원에 갇힌 채 살아가는 사람들은 그의 설명을 도무지 이해하지 못했다. 불행히도 사각형은 미치광이 내지는 사회를 전복시키려는 세력으로 간주되어 감옥에 갇히고 만다.[20]

그렇다. 우리가 활동하고 있는 세상을-시간을 제외하고-3차원의 세계라고 한다면, NDE는 그보다 상위 차원에서 일어나는 현상이기에 형언불가성을 지니는 것으로 설명할 수 있다. 우리는 3차원에서 보고 듣고 만지고 냄새를 맡고 맛을 보는 오감으로 세상을 이해해 왔다. 또한, 우리 언어의 대부분은 3차원 세계를 인식하고 표현하는 데에 제한되어 있다. 그보다 상위 차원은 경험한 적도 표현해 본 적도 없다. 만약, NDE가 우리가 사는 세계보다 더 높은 차원에서 발생하는 현상이라고 가정한다면, 모든 것을 설명할 수 있게 된다. 예를 들어, 근사체험 당시 이불에 덮여있던 자신의 시체를 알아봤다거나, 벽 너머에서 누가 무엇을 하고 있는지를 목격했다거나, 미래에 일어날 일을 미리 알게 된 적이 있다는 등의 진술에 합리성이 부여되는 것이다.

롬멜의 연구에 참여했던 근사체험자들은 다음과 같은 증언을 했다.[8]

네덜란드의 근사체험자
: "다른 세상에서 일어난 일이라서 말로 설명하기 어렵지만 노력해 보겠습니다."

또 다른 근사체험자
: "전 모든 곳에 있었죠. 아빠와 함께 창고에도, 당신과 방 안에도, 사람들과 함께 있는 친구 옆에도, 아파트에 혼자 있는 룸메이트와도 함께 있었어요."

SBS 〈그것이 알고 싶다〉에서 취재한 근사체험자들의 증언에도 같은 내용이 나온다.[19]

6.25 때 장티푸스 발병 1주일 후 근사체험을 경험했던 사례자
: "천장에서 내려다보니까 나라는 게 죽어가지고 있어. 허연 홑이불을 부모님이 덮어놓으셨더라구. 그거 볼 때도 이상해요. 방이고 부엌이면 벽으로 막혀 있는데 집사람이 부엌에서 뭐 하는 게

뵈더라구."
: "(누군가를 떠올리면) 그 사람이 활동하는 게 보여요."

케네스 링의 연구에 따르면, 근사체험 당시 육체를 벗어난 의식은 더없이 명료해지며 냉철한 판단이 가능해진다.[3] 위와 같은 경험은 꿈처럼 모호한 것이 아니라, 상위 차원에서 경험하는 선명한 현실로 설명할 수 있다. 게다가, 핌 반 롬멜이나 샘 파니아의 연구에서와 같이 확실한 입증(corroboration)이 이루어진 경우까지 포괄한다.[9,13]

한편, 퀴블러-로스는 시각 장애인이 유체 이탈에서 돌아와 눈앞의 사람이 어떤 색의 보석을 착용했었는지, 어떤 색과 무늬의 스웨터를 입고 있었는지 등을 진술하는 과학 프로젝트를 진행한 적이 있다.[5] 케네스 링 역시 그의 저서 『Lessons from the Light』[21]와 공동 저서 『Mindsight』[11]에 NDE를 경험한 맹인들이 유체 이탈 중에 주변 환경을 분명히 시각적으로 인지(aware)했던 사례들을 소개했다. 이러한 사례들도 영혼이 상위 차원으로 이행되는 것이라고 가정한다면 모두 설명이 가능해진다.

2. 오컴의 면도날(Ockham's razor)

의사로서 환자를 진료하다 보면 간혹 진단하기 매우 어려운 사례를 마주할 때가 있다. 그럴 때는 마음을 가다듬고 탐정이 하듯 추리력을 발동시키곤 했다. 이때 사용한 것이 바로 '오컴의 면도날'이라는 철학 원칙이다.

이것은 어떤 사례에 두 가지 이상의 해석이 가능할 때, 최소한의 가정을 요하는 해석이 대체로 맞다는 원칙이다. 다시 말해, 가정을 많이 사용할수록 부정확한 해석일 가능성이 높아진다는 것이다.[22] 오컴의 윌리엄(William of Ockham)은 14세기 영국의 논리학자이자 수도자였다. 그가 이 원리를 만든 건 아니지만 빈번히 사용했기 때문에 그의 이름이 붙여졌다. 그는 "다른 모든 요소가 동일할 때 가장 단순한 설명이 최선이다(All things being equal, the simplest solution tends to be the best one)."라고 했다.[23]

그렇다면, NDE에도 이 원칙을 적용해 보자. NDE를 모든 면에서 설명할 수 있는 해석은 과연 무엇일까? 가장 가능성 높은 해석을 우선하여, 지금까지 제기되었던 대표적인 해석 7가지를 다음과 같이 나열해 보았다.

1) 영혼(The Soul)
2) 뇌 기능의 이상으로 인한 현상
3) 뇌전도상 관찰되는 감마파(Gamma waves) 관련성

4) 약물 반응
5) 꿈 또는 환각
6) 희망사항의 투사(Projection of Wishful thinking)
7) 이인증(Depersonalization)

 과연 이 중 어떤 해석이 최소한의 가정으로 최선의 설명을 이루는지 하나하나 살펴보겠다.

1) 영혼(The Soul)
 '인간에게 영혼이 있다'라는 가정 하나를 설정해 보자. 즉, NDE는 인간의 영혼이 물리적 몸을 벗어나 우리가 살고 있는 세계보다 상위 차원에서 겪는 일련의 현상이라는 해석이다. 이것으로 NDE의 모든 항목을 설명할 수 있을까?

 먼저, 레이먼드 무디가 제시한 '죽음의 경험' 15개 항목을 확인해 보겠다. 우리의 언어는 주로 우리가 일상에서 경험하는 세계를 묘사하는 데에 특화되어 있기 때문에, 이보다 더 높은 차원의 경험을 설명하기에는 한계가 있다. 이는 마치 플랫랜드에서 [위·아래]의 개념이 없을 때와 같다고 할 수 있다. 이렇게 '① 형언불가성'이 설명된다.
 이제, 구가 2차원에 살던 납작한 사각형을 데리고 위(up)라는 3차원의 공간으로 진입했던 때를 떠올려 보자.

납작한 사각형은 상위 차원으로 이동하며 플랫랜드를 내려다볼 수 있는 절묘한 방향적 우위를 점했다. 그 결과, 문이 닫힌 집의 내부와 그 안의 사람들을 한눈에 관찰할 수 있었다. 마찬가지로, 영혼이 물리적 몸을 벗어나 상위 차원으로 이동했을 때에도 동일하게 **유리한 관점(vantage point)**을 점하게 된다. 이것으로 자신의 몸에 행해지는 의료진의 소생술을 내려다보거나, 천에 얼굴이 가려져 있어도 자신의 시신을 알아보거나, 벽 너머에서 혹은 건물 밖에서 누가 무엇을 하고 있는지 알 수 있거나, 본인의 임종을 미처 지키지 못한 가족이 어디서 무슨 이야기를 하고 있는지 보고 들을 수 있는 등의 부분까지 설명이 가능해진다. 이는 실제로 있었던 사건을 목격한 것이니, 소생 후에 해당 내용을 진술하면 그 시간 동안 주변에 있던 가족, 의료진이 했던 말이나 행동과 정확히 일치할 수밖에 없다. 이렇게 '⑥ 유체 이탈'과 '⑮ 입증' 등의 항목을 설명할 수 있다.

또한, '④ 소음'과 '⑤ 어두운 터널'은 이러한 상위 차원으로 이행하는 과정에서 일어나는 현상으로 설명할 수 있다. 3차원에 갇혀 있던 몸, 특히나 죽음에 임박하여 고통스러웠을 몸을 벗어나 상위 차원에 존재하는 자신을 발견했으니, '③ 평화와 고요의 느낌'을 갖게 될 수 있다. 먼저 죽었던 친척이나 친구 등을 만날 수 있었다는 것 또한 그들과 같은 차원에 있었던 것이라면 충분히 설명이 가능해진다(⑦ 죽은 자를 만남). 플랫랜드의 사람들은 3차원을 경험한 사각형의 경험담을 이해하지 못하고 그를 미치광이 취급해 버렸다. 근사체험 생존자 역시 본인의 놀랍고도 실재했던 경험을 친구들에게 이야기해 보지만, 그 형언불가성으로 인해 충분히 납득시킬 수 없다. 오히려 정신적으로 불안정한 취급을 당할 뿐이다(⑫ 타인에게 말하기). 그럼에도 불구하고 그것은 실제로 경험한 일이기에 본인의 가치관과 인생에 지대한 영향을 미치게 된다(⑬ 삶에 영향).

한편, 유물론의 논리에 따르면 영혼은 존재할 수 없다. 유물론은 모든 정신 현상을 물질작용의 산물로 설명하기 때문이다.[24] 리처드 도킨스*가 말한 선악도 없고 단지 맹목적이고 무자비한 무관심 이외에는 아무것도 없는 세계에서,[25] 선악을 반추하는 영혼은 거추장스러운 모순이다. 그러므로, 인간에게 영혼이 있다는 것은 창조주가 있다는 강력한 증거가 된다. '⑧ 빛의 존재' 안에서 '⑨ 주마등'이 펼쳐지는 것은 우리에게 영혼을 부여한 창조주의 현현 안에서 그가 부여한 인생을 어떻게 살았는지 반추해 보는 과정으로 설명할 수 있다.

빛의 존재가 우리의 창조주라면, 우리를 낳아준 부모에게 느꼈던 것보다 훨씬 더 큰, 한 번도 경험하지 못한 사랑과 수용을 느끼는 것도 가능하다. 자식보다 손주에게 느끼

---

* 리처드 도킨스(Clinton Richard Dawkins): 영국의 진화생물학자로, 대표적인 저술로 『이기적인 유전자』가 있다.

는 사랑이 더욱 애틋하며 증손주에게는 더더욱 그러하듯, 선대로 올라갈수록 그 사랑이 더 커지는 것을 생각해 보면, 우리 생명의 근원까지 거슬러 올라갈 때 그런 사랑을 대면할 수 있음을 설명할 수 있다.

영혼이 전능한 창조주의 현현 안에 있기에 모든 것을 알고 모든 것을 이해할 수 있는 상태가 된다. 이에 따라 자신의 말과 행동이 다른 사람들에게 어떤 영향과 귀결(consequence)을 이루었는지까지도 확실히 알 수 있게 된다.* 근사체험 생존자들이 타인을 이해하고 배려하는 성정을 갖게 되는 것 또한 이러한 경험을 거침으로써 가능해진다. 이로써, "단 몇 분의 심정지 기간 동안의 경험이 그들의 인생에 장기적인 변화를 가져왔다는 사실은 놀랍고도 예상치 못한 발견"이라는 롬멜의 연구 결과 또한 설명이 가능해진다.[9]

브루스 그레이슨의 NDE Scale에 나오는 항목들도 모두 동일선상에서 설명할 수 있다. 예를 들어 '마치 초능력처럼, 다른 곳에서 일어나는 일을 인지하는 것'과 '미래의 장면을 보는 것'은 상위 차원에서 가능한 경험들이다. 이 시점에서 브루스 그레이슨의 NDE Scale의 각 항목을 다시

---

* 케네스 링은 그의 저서 『Lessons from the Light』와 관련한 인터뷰에서 '나의 영혼은 모든 사람의 영혼과 연결되어 있다'는 개념을 시사했다.[51] 이는 결국, '빛의 존재'를 통해 모든 사람과 연결된 네트워크를 의미한다. 또한, 그의 저서 『Lessons from the Light』에는 내가 한 선행과 악행이 주마등을 통해 재현될 때 철저히 상대방의 입장에서 재경험되는 과정이 정리되어 있다.

한번 살펴보면 이해가 더욱 수월해질 것이다.

 이상과 같이 '인간에게 영혼이 있다'라는 단 하나의 가정 즉, NDE는 인간의 영혼이 물리적 몸을 벗어나 우리가 살고 있는 세계보다 상위 차원에서 겪는 일련의 현상이라는 해석으로 NDE의 모든 항목을 설명할 수 있게 되었다.

2) 뇌 기능의 이상으로 인한 현상

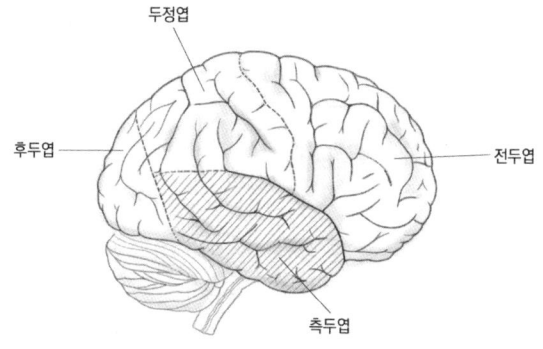

〈 사람 두뇌의 우측면 〉

 우리 뇌의 양측 면에는 측두엽(Temporal lobe)이라는 부분이 있다. 측두엽의 여러 기능 중 하나가 기억을 담당하는 것이다.[26] 이 측두엽의 발작적인 신경자극이 주마등을 유발할 수도 있다는 이론을 제안했던 사람들이 있다

(Noyes and Kletti). 그러나 연구자들은 이러한 기전만으로 주마등 이외에 NDE 일련의 다른 항목들까지 설명하기에는 부적절하다는 점을 발견했다(Sabom and Moody).[3] 게다가, 측두엽 자극으로 인한 기억의 소환은 1인칭 시점에서 무작위순으로 이루어지는 반면, NDE의 주마등은 3인칭 시점에서 순차적으로 이루어지므로 두 개념의 경향이 다르다.

한편, 대뇌의 산소 결핍(Cerebral Anoxia)과 이로 인한 이산화탄소의 축적이 NDE를 유발한다는 생리학적 추측을 제시했던 경우도 있다. 그러나 이러한 이론적 모델은 대뇌 혈류량이 정상적으로 유지되는 코마 상태의 환자가 NDE를 경험하는 경우를 설명하지 못한다.[2] 또한, 사랑하는 가족의 죽음을 전해 듣지 못한 채 NDE를 겪은 사람들이, 깨어날 때에는 그 가족이 사망하였음을 이미 알고 있는 상태가 되는 사례들도 다수 보고되었다.[3,5] 과연, 산소 결핍 모델로 이러한 사례를 어떻게 설명할 것인가? 롬멜 역시 앞서 기술한 바와 같이, 순수하게 대뇌 무산소증으로 인한 생리적 원인만으로 NDE가 유발된다는 것에는 회의적이었다.[9]

이 이론적 모델의 보다 미묘한 버전은 유물론적 사고와 부합하기에 좀 더 흥미롭다(Grof and Halifax). 이에 따르면, 뇌의 산소 결핍이 의식의 변화를 초래하고, 이것이 무의식 행렬을 활성화하여 NDE와 같은 경험을 유도한다는 해석이다. 즉, 죽음이 중요한 생리적 변화를 유발하면

저장되었던 무의식 프로그램이 활성화되어 '새 현실'로 빠져들게 된다는 것이다. 그러나 여기서 주장하고 있는 생리적 변화는 NDE를 설명하기보다 단지 개인이 '새 현실'에 민감해지도록 하는 의식의 변화를 설명하는 데 머무른다. 케네스 링은 1980년에 이미 이러한 지적을 모두 제시했다.[3] 또한, 이 이론적 해석은 '무의식 행렬', '그 안에 저장된 프로그램', '이로 인한 부산물로서의 새 현실' 등 여전히 증명되지 않은 여러 가정을 전제로 하기에 오컴의 면도날 원칙에 따라 좋은 해석이 될 가능성이 낮아진다.

유물론적 세계관과 부합하는 이 이론적 해석은 결과적으로 진화론과도 상충하게 된다. 왜냐하면 어차피 죽음으로 모든 것이 끝난다면 측두엽 자극으로 인한 주마등이나, 무의식의 활성화를 통한 새 현실로의 입장 등은 진화적 측면에서 매우 불필요한 것으로 여겨지기 때문이다.

3) 뇌전도상 관찰되는 감마파(Gamma Waves) 관련성

2)에 언급한 내용의 연장선상에 있는 해석이지만 최근 서구 언론을 통해 주목받는 모습이어서 따로 분류했다.[27] 이 해석에도 일견 유물론과 부합하는 흥미로운 내용이 포함되어 있다. 죽어가는 사람의 뇌에서 감마파 측정이 보고되었는데, 이것을 통해 NDE를 설명하려는 시도이다. 감마파(Gamma Waves)란 뇌전도(Electroencephalogram, EEG) 측정 시 관찰되는 여러

파형 중 하나로, 기억이나 주의력 등의 대뇌 각성과 관련이 있다. 명상이나 신경자극을 통해서도 그 진폭이 증가될 수 있는 뇌파로 알려져 있다.

사실, 일반적인 의료 환경에서는 심정지 환자의 뇌파를 측정하지는 않는다. 심정지 시에는 생명을 살리는 것이 최우선 과제이므로 최대한 빠른 시간 내에 소생술이 이루어져야 한다. 이를 위해 심전도를 연결하고, 혈관과 기도를 확보하고, 심장 마사지를 하고, 약물을 투여하고, 제세동 여부를 결정하는 등 일련의 필수적인 과정만으로도 촌각을 다툰다. 뇌파 연결을 위해서는 많은 전극을 연결해야 하기에 추가적인 시간 소모가 너무 심해져, 응급 상황에서는 오히려 걸림돌이 되기 쉽다.

〈 EEG와 BIS의 전극 개수 차이 〉

그런데 21세기 들어 바이스펙트럼 지수(BIS, Bispectral Index) 감시장치라는 것이 등장했다. 이 장치는 기존의 뇌전도와는 달리 많은 전극을 요하지 않는 일종의 간이 뇌전도 장치이다. 현재는 전신 마취때 마취의 정도를 정량적으로 평가하는 데에 널리 사용되고 있다.

2009년 미국 조지 워싱턴대 병원에서는 중환자실 환자 7명의 생명유지장치 제거 시 사망과 동시에 BIS 파형이 급증했다는 관찰 결과를 보고했다. 관계자들은 이 파형의 급증이 감마파일 가능성을 제시했다. 그러나 관계자들은 해당 논문에 이 파형이 NDE를 설명할 수 있을 것이라는 자신들의 결론은 완전히 추측일 뿐(totally speculative)이라고 선을 그었다.[28]

이후, BIS가 아닌 뇌전도(full EEG)를 통한 실제 감마파형의 보고들이 등장했으나, 사례는 많지 않았다. 2022년에는 1명을 대상으로,[29] 2023년에는 2명을 대상으로 한 보고가 있었다.[30] 언론의 주목을 받았던 것은 후자인데, 미시간 대학 의료센터 신경중환자실의 혼수(Comatose)상태 환자 4명 중 2명에서 발견된, 감마파가 급증한 사례였다. 하지만 그 2명은 모두 뇌전증(Epilepsy)과 뇌손상의 기왕증이 있는 환자였다.

더구나 안타깝게도, 이렇게 감마파가 측정된 사람 중 소생하여 NDE를 겪었다고 증언한 사례는 아직까지 전무하다. 따라서 감마파가 NDE와 관련이 있다는 해석은 여전히 추측의 수준에 머물러 있는 것이 현실이다.

감마파가 NDE의 원인일 것이라 보도했던 언론이 대대적으로 조명한 후자의 논문에 대해 브루스 그레이슨과 핌 반 롬멜은 다수의 선행 연구 사례와 참고 문헌을 바탕으로 다음과 같은 견해를 제시했다.

> 저자들은 심정지 중의 인간 뇌 활동을 입증했다고 썼지만, 실제로는 심정지 환자를 연구한 것이 아니라, 인공호흡기를 중단한 혼수상태(Coma)의 환자를 연구했습니다.…(중략)… 즉, 이 연구에서 보고된 뇌파의 변화는 급성 심정지와 같이 산소가 완전히 없어지는 경우가 아닌, 환자의 인공호흡기 중단 이후 산소 감소의 경우와 관련이 있는 것입니다.…(중략)… 심정지 후 외부 소생에도 불구하고 뇌파는 평균 15초 후 정지합니다. 심폐소생 중 뇌파가 지속적으로 정지하는 것은 동물실험에서도 관찰되었습니다. 사람에게 유도된 심장 정지 기간 동안 대뇌피질의 전기 활동을 뇌전도로 모니터링한 결과, 심정지의 발생 이후 평균 6.5초 후에 첫 번째 허혈성 변화-활동신호의 감소-가 감지되며 이것은 항상 10~20초-평균 15초-이내에 뇌파의 정지로 진행하는 것으로 나타났습니다. 심정지가 계속되는 한-즉, 제세동으로 심기능이 회복될 때까지-뇌파는 정지된 상태로 유지됩니다.…(중략)…

급성 심장마비의 경우, 심장중환자실에서 심정지의 지속 시간은 항상 20초 이상으로, 일반적으로 적어도 60~120초이며, 일반 병동이나 병원 외에서 발생한 심정지의 경우 훨씬 더 오래 지속됩니다. 따라서, 지금까지 발표된 4개의 전향적 연구*에서 심장마비 생존자 562명 모두 뇌파의 정지를 보였음이 틀림없습니다. 그럼에도 불구하고 그 환자들 중 10~20%는 NDE를 보고했으며, 때때로 그들의 경험에 대해 검증 가능한 측면이 있기 때문에, 그들의 NDE와 그 안에 포함된 정확한 지각(perception)은 심장마비의 첫 번째 또는 마지막 순간에 일어난 것이 아니라 의식을 잃은 기간 동안

---

* Greyson, B. (2003). *Incidence and correlates of near-death experiences in a cardiac care unit*. General Hospital Psychiatry, 25, 269-276. https://doi.org/10.1016/s0163-8343(03)00042-2

Parnia, S., Waller, D. G., Yeates, R., & Fenwick, P. (2001). *A qualitative and quantitative study of the incidence, features and aetiology of near-death experience in cardiac arrest survivors*. Resuscitation, 48, 149-156. https://doi.org/10.1016/s0300-9572(00)00328-2

Sartori, P. (2006). *The incidence and phenomenology of near-death experiences*. Network Review (Scientific and Medical Network), 90, 23-25.

Van Lommel, P., Van Wees, R., Meyers, V., & Elfferich, I. (2001). *Near-death experiences in survivors of cardiac arrest: A prospective study in the Netherlands*. Lancet, 358, 2039-2045. https://doi.org/10.1016/S0140-6736(01)07100-8

에 일어난 것임이 분명합니다.

우리는 이전에도 NDE가 뇌의 생리적 변화에 의해 발생하는 것이라고 주장하는 연구에 비평을 낸 적이 있습니다. 그러나 뇌 생리학의 세부사항을 과잉 해석 한 그들의 주장은 중요한 요점을 놓치고 있습니다. 그 연구들이 NDE와 같은 현상을 처리하는 뇌의 기전을 이해하는 데에 기여할 수 있을지는 몰라도 NDE가 일어나는 원인을 다룰 수는 없다는 점입니다.

예를 들어, 독자인 당신이 이 페이지의 단어를 읽을 때, 눈의 신경세포는 뇌 후두엽의 시각중추와 측두엽의 언어중추로 전기신호를 보냅니다. 그러나 당신의 신경세포 전기활동은 이 페이지에 단어를 나타나게 한 원인이 아니라, 단지 당신으로 하여금 단어를 보고 이해할 수 있도록 했을 뿐입니다.

마찬가지로, 잘 입증된 NDE 현상과 관련하여, 뇌의 전기적 과정에 대한 이해가, NDE 경험자들이 그 기억과 해석을 처리하는 기전을 밝혀낼 수는 있을 것입니다. 그러나 전기적 과정은 무엇이 의식을 잃은 환자로 하여금 유체 이탈의 시각적 관점에서 물질세계에서는 예상치 못했던 것들을 정확히 보도록 하는지, 또는 무엇이 그들로 하여금 물질세계에서는 아직 사망한 것으로 알려지지 않았던 사망자를 인식하고 상호 작용 할 수 있도록 하는지, 신경

과학적 모델로는 그토록 복잡한 의식이 불가능하다고 여김에도 무엇이 그들로 하여금 심정지나 전신마취 중에 인지(cognition)와 지각(perception)이 크게 향상되는 것을 경험하도록 하는지에 대해 설명하지 않고 설명할 수도 없습니다.[31]

이 견해의 요지는, 이전의 수많은 연구에서 검증된 근사체험자들은 모두 뇌파의 정지 상태에서 NDE를 경험했음이 분명하며, 향후에 뇌 생리학이 NDE를 처리하는 뇌의 기전을 설명하게 될 수 있을지는 모르나 그 원인을 설명해내기에는 부족하다는 이야기이다.

한편, 샘 파니아도 2014년 5단계의 엄격한 필터링을 거쳤던 AWARE 연구에서 대뇌 기능을 기대할 수 없는 기간 중에도 의식적인 인지(awareness)를 보였음을 검증한, 분명하고도 유의미한 단 하나의 케이스를 보고했다.[13] 이후 2023년 발표한 AWARE II에는 심정지 환자에서 뇌파를 측정한 시범적 부속 연구가 등장한다. 85명의 환자 중 53명에서 해석 가능한 뇌전도 자료를 얻었는데, 대다수(47%)는 대뇌 활동 중단 상태를 나타냈으며, 22%에서 델타파, 12%에서 세타파, 6%에서 알파파, 5%에서 뇌전증 활동파가 관찰되었으나, 감마파에 대한 보고는 없었다. 그는 이 논문에서 NDE에 진화론적 이익(benefit)이 없음을 지적하며, NDE가 사람들의 보다 깊은 의식을 포함하여

타인을 향한 모든 기억과 생각, 의도, 행동을 도덕적이고 윤리적인 관점에서 현실의 새로운 차원에 대한 명료한 이해를 촉진하는 것으로 보인다고 논했다. 또한, 그는 연관성이 원인을 의미하는 것은 아니라며, 의식의 잠재적인 전기피질 바이오마커(뇌파를 포함)를 식별하는 것으로는 이 수수께끼를 풀 수 없을 것임을 피력했다.[14]

대가들이 위와 같이 이미 논증해 주었기에 그럴 필요까지는 없어 보이지만, 감마파 해석을 오컴의 면도날 원칙에 대입해 보자면, 다음과 같은 가정이 필요하다.

참고로 아래의 가정 중 처음 두 개의 가정은 감마파 해석을 제시한 논문으로부터 그들의 추측-그들은 두 가설에 모두 speculate라는 단어를 사용했다-을 그대로 발췌한 것임을 밝힌다.[28]

가정 (1) 사망 시 저산소증에 의한 세포막의 분극손실 (cellullar loss of membrane polarization)이 감마파의 급등을 유발한다.

가정 (2) 감마파의 급등은 곧 기억의 종합을 유발한다.

가정 (3) 이로 인한 주마등은 측두엽 자극으로 인한 것과는 달라서 인생 전체의 기억을 무작위 순서가 아닌 출생부터 사망까지 순차적으로 소환한다.

감마파가 나타난 사람에서 NDE를 겪은 사례가 있어야만 위와 같은 가정에 상관관계가 생긴다. 그러나 아직까지 그런 사례는 한 건도 보고된 바가 없다. 반면, 뇌기능을 기대할 수 없는 상태에서도 NDE가 보고된 사례는 공식적으로 수백 케이스에 이른다. 설혹, 위의 세 가정이 훗날 모두 참으로 증명된다 하더라도 '⑨ 주마등' 이외에 NDE의 다른 항목들은 여전히 설명하지 못한다. 예를 들면 '⑥ 유체이탈' 시에 목격한 내용들이 후에 사실로 '⑮ 입증'되는 항목이나, 본인의 출생 전에 사별하여 부모로부터 존재 자체도 듣지 못했던 친오빠의 이름과 외모를 정확히 알게 된 경우 등을 이런 가정으로 설명할 방법은 사실상 없다.

간단한 이해를 위해 다음과 같은 설정을 해보자. 당신은 아주 건강할 뿐만 아니라 최상의 컨디션으로 눈을 감은 채 병원 침상에 누워 있다. 모든 감각기관도 활성화되어 있다. 그리고 명상을 통해 고도의 집중을 하여 감마파가 발생하고 있다. 이때, 한 번도 본 적 없는 의료진이 당신의 병실로 들어왔다. 눈을 감은 상태에서도 의료진이 입은 옷의 색깔이나 얼굴의 생김새를 알 수 있을까? 머리스타일이 어떤지 알아낼 수 있을까? NDE를 겪었던 사람들은 눈을 감고 있었음에도 '보았던' 내용들을 깨어난 후에 사실로서 검증할 수 있었다. 게다가 그들은 최상의 컨디션과는 거리가 먼, 사실상 죽음에 가까웠거나 심정지 후 죽었던 사람들이다.

4) 약물 반응

혹자는 위급한 환자에게 병원에서 투여하는 약물이 NDE를 유발하는 것으로 해석하기도 한다. 레이먼드 무디는 이와 관련하여 최대한 객관적이고 다양한 시각에서 설명하고자 노력했다. 그는 약물에 의해 유발된 해리(dissociation)나 환각의 경험자들은 NDE 경험자들과 비교하여 심리적으로 안정적이지 않았다는 점을 지적했다. NDE의 경우는 명확(vivid)하고 경험자들 간에 공통점이 있었던 반면, 약물 유발 경험의 경우는 매우 모호(vague)하고 서로 다른 이야기를 하며 공통점이 없는 경우가 많았다는 점도 언급했다. 또한, 대부분의 경우 NDE가 발생하기 전에 어떤 약물도 투여되지 않았으며, 일부 환자에서는 의료진에게 발견되기도 전에 NDE가 발생했다는 점을 가장 중요하게 여겼다. 게다가 의료진에 의해 투여되는 약물은 매우 다양하고 그중 대부분이 중추신경계나 정신적 부작용과 관련이 없으며, 약물을 투여하지 않은 그룹과 투여한 그룹 간에 차이가 없었음을 지적했다.[2]

단지 학자로서의 경험과 양심에 기댈 수밖에 없었던 레이먼드 무디의 이러한 주장은 21세기에 들어 롬멜의 연구에 의해 객관적으로 입증되었다. 《The Lancet》에 실린 그의 **전향적 연구**에서, 투여된 약물은 NDE 발생률에 영향을 미치지 않았음이 밝혀졌다. 다시 말해, 약물을 투여한 집단과 투여하지 않은 집단 간에 NDE의 발생률에 통계적으로 유의한 차이가 없었던 것이다.[9] 따라서 NDE가 약물 반응에 의한 것이라는 해석을 이끌어 낼 만한 가정은 딱히 떠올릴 수조차 없게 되어버렸다.

5) 꿈 또는 환각

NDE가 꿈이나 환각이라는 해석을 레이먼드 무디는 세 가지 이유를 들어 배제할 수밖에 없다고 밝혔다. 첫째, NDE는 꿈과는 다르게 그 경험자들 간에 내용과 진행에 상당한 일치점이 있다. 둘째, NDE 경험자들은 한결같이 심리적으로 안정된 사람들이었다. 셋째, NDE는 유체 이탈 당시의 경험을 소생 후 입증(corroboration)할 수 있다.[2]

케네스 링 또한 이 부분에 의문을 품고 NDE가 꿈이나 환각의 특성을 가지고 있는지 검토한 결과, 그렇지 않다는 결론을 내렸다. 그가 연구한 생존자들은 근사체험을 꿈이 아닌 자신들에게 일어난 현실로 인식하고 있었다. 게다가 마이클 세이봄과의 공동 연구 결과를 보면, 환각과 NDE를 모두 경험한 응답자들은 그 둘의 차이를 명확히 구분하고 있었다.[3]

샘 파니아 역시 NDE 경험 중의 시각적 인지, 즉 유체 이탈 상태에서 목격한 기억들이 실제 연구자들이 검증한 사건들과 일치했다는 점을 들어 그것이 환각이나 착각과는 다르다는 점을 명시했다.[13] 2023년 AWARE-II에서도 꿈을 경험한 사례들은 NDE와 명확히 구분하여 분류되었다.[14] 사실상 NDE가 꿈이나 환각일 가능성은 21세기 들어 완전히 배제되었다고 봐도 무방하다.

만약 '이인증은 꿈일 뿐이다'라고 해석하기 위해서는 다음과 같은 여러 가정이 한꺼번에 들어맞아야 한다. 우선 'NDE를 경험한 모든 사람은 사실 꿈을 꾸었던 것이며 그것을 현실과 구분하지 못했던 것'이라는 가정이 필요하다. 그러나 우리 모두는 아무리 생생한 꿈을 꾸더라도 깨어난 후엔 그것이 단지 꿈이었음을 알 수 있다. 이어서 '그 꿈이 국가, 문화, 시대와 상관없이 동일한 항목과 순서로 이루어진 것'이라는 가정, '그럼에도 그 항목의 세부사항만큼은 개개인의 인생에 특화되어 있었다'라는 가정, '또한, 그 꿈에는 살아 있는 동안 얻을 수 없었던 정보가 포함되기도 한다'라는 납득하기 어려운 가정들이 모두 필요하다. 더불어, 롬멜의 연구에서와 같이 '그 꿈이 2년 후와 8년 후에도 정확히 기억할 수 있는 꿈'이라는 가정과,[9] 사람들은 대부분의 꿈을 단순히 꿈으로 여김에도 '이 꿈만큼은 남은 삶을 긍정적으로 변화시킨다'라는 가정도 포함해야 한다. 이 해석은 NDE를 설명하기 위해 6개의 가정을 요하므로, 오컴의 면도날 원칙에 따라 부정확한 해석일 가능성이 높아졌다. 이 모든 가정에서 꿈을 환각으로 치환하더라도 결과는 동일하다.

6) 희망사항의 투사(Projection of Wishful thinking)

희망사항이란 증거, 합리성, 현실보다는 상상하기에 즐거운 것에 기초하여 신념을 형성하는 것이다. 이는 신념과 욕망 사이의 갈등을 해결하려는 과정에서 생겨난 결과물이다.[32] 일각에서는 간절히 염원했던 희망사항이 죽을 때 반영되어 나타난 현상이 아니냐는 해석을 제시하기도 했다.

케네스 링은 이에 대해 다양한 사람들이 (근사체험의) 핵심경험에 일관된 패턴을 보인다는 점이 희망사항 해석에 반(反)하는 증거라고 했다. 왜냐하면 사후세계에 대한 희망은 사람마다 다르기 때문이다. 그럼에도 불구하고, 죽음에 가까워지면서 겪는 경험들은 놀라울 정도로 유사하다는 것이다.[3]

한편, 정신과 의사였던 퀴블러-로스도 두 NDE 사례를 들며 희망사항 해석을 배제했다. 하나는 뺑소니 사고로 현장에서 다리가 절단된 남자의 경우였다. 사고 당시 자신의 몸을 빠져나간 그는, 절단되어 고속도로에 떨어져 있는 자신의 다리를 목격했지만, 자신의 영체(ethereal, perfect, and whole body)에는 두 다리가 온전히 있음을 알았다. 여기서 그가 다리 손상에 대해 미리 알 수는 없었기 때문에, 다시 걸을 수 있기를 바란다는 희망사항이 발생했을 수는 없다는 것이다. 또 다른 사례는 시각 장애인들이 겪은 NDE였다. 시각 장애인들은 유체 이탈 당시 자신들을 소생시킨 사람이 누구인지, 가장 먼저 병실에 들어온 사람이 누구인지 같은 정보뿐 아니라, 의료진이 입은 옷이나 넥타이의 디자인과 색깔 등 세부사항까지 언급했다. 이것을 희망사항의 투사로는 설명할 수 없다.[5]

그럼에도 불구하고 오컴의 면도날 원칙의 관점에서 'NDE는 희망사항의 투사일 뿐'이라는 해석에 가정을 설정해 보자. 먼저, '모든 사람의 희망사항은 각자 다르지만, 죽음에 임박한 상황에서는 종교와 문화, 국적, 나이를 막론하고 모두 동일한 내용의 희망사항을 사후세계에 투사하게 된다'라는 가정이 필요하다. 일단 이 첫 번째 가정부터 납득하기 어렵지만, 퀴블러-로스의 사례를 포괄하기 위해서는 다음과 같은 가정을 추가로 설정해야 한다. '예측할 수 없는 사고로 인한 신체 손상에도 즉각적으로 희망사항이 발현된다', '그 희망사항은 즉각적으로 발현되었음에도 불구하고 이로 인한 투사(projection)가 일어난다', 그리고 '희망사항의 투사일 뿐인 환영의 모든 세부사항이 현실에서 실제로 일어나는 일들과 일치한다'라는 가정이 필요하다. 그러나 현실에서 일어나는 세부사항과 일치한다면 과연 그것을 환영이라고 할 수 있을까? 그보다는, 현실에 대한 기억이라고 하는 것이 사실에 가깝지 않겠는가. 이처럼, 희망사항 해석 역시 앞뒤가 맞지 않는 다수의 가정을 설정해야 하므로 최선의 해석으로부터 멀어져 버린다.

7) 이인증 (Depersonalization)

이인증은 자기 존재의 감각이 현실과 다르거나 이상하거나 낯설게 느껴지는 것을 말한다. 나아가 이인성 장애(Depersonalization disorder)는 이인증이나 비현실감을 느끼는 등 지각의 변화로 인해 현실감각이 일시적으로 상실되는 장애이다. 이 현상은 대개 불안을 동반하며 여러 형태로 나타난다. 이를테면 자신이 마치 기계인 것처럼 느껴지거나, 몸의 특정 부위가 자기 것이 아닌 것처럼 느껴지거나, 정신기능 또는 감정경험이 자기 것이 아니라는 느낌이 드는 등의 형태로 나타난다. 또는 늘 대하던 사람이나 사물이 낯설게 느껴지거나, 여러 사물의 모양이나 크기가 변화된 것처럼 보이거나, 주위 모든 사물이 기계처럼 움직이는 것처럼 보이는 비현실감 등의 다양한 형태를 보인다.[33]

이인증을 통한 해석의 요지는 NDE가 임박한 죽음으로 인한 극도의 스트레스에서 발생하는 심리적 방어 기제라는 것이다. 즉, 방어 기제로서 발생한 이인증이 NDE를 겪게 한다는 해석이다. 이러한 해석은 프로이트(Freud)의 패턴에 따라 노이스(Noyes)와 클레티(Kletti)가 주창했다. 케네스 링은 이인증으로 NDE를 설명하려는 시도가 표면적으로는 타당해 보일 수 있지만 세 가지 이유로 설득력을 잃을 수밖에 없다고 언급했다.

첫째, 근사체험자들의 심리상태는 이인증에서 일반적으

로 묘사되는 것과 다르다. 따라서, 근사체험을 이인증에 획일화시키기 위해서는 수많은 임시 가정을 추가해야 한다[이것은 이미 오시스(Osis)와 해럴슨(Haraldsson), 세이봄(Sabom)에 의해 검증되었다[34]].

둘째, 드물지만 분명히 존재하는 근사체험의 다음과 같은 측면을 이인증 해석으로는 설명하기 어렵다. 죽음을 맞이할 당시 친족의 사망 사실을 몰랐던 사람이 소생 후 그 친족이 사망하였음을 아는 상태로 깨어난다. 예를 들어, 한 남자가 근사체험 중 그의 두 형제를 보게 되는데, 한 형제는 수년 전 사망하였고, 다른 한 형제는 이틀 전 사망하였다. 이 남자는 이틀 전 사망한 형제의 부음은 듣지 못한 채였다. 그럼에도 이 남자는 자기 형제의 최근 사망 사실을 아는 상태로 깨어났다. 만약, NDE가 단순히 심리적인 방어 기제에 불과하다면, 이처럼 기이하고도 정확한 인식(perception)을 제공하기는 어렵다.

셋째, 죽음을 직면한 개인에게 나타나는 초월적인 현실은 의식의 더 높은 차원을 반영하는 것일 수 있다. 이인증 해석은 스트레스가 촉발한 방어 기제로서 부정에 기반한 상징적 공상일 뿐이라는 점에 그치므로 이러한 점을 고려하지 못한다.[3]

그로부터 3년이 지난 후, 브루스 그레이슨이 NDE Scale을 제시함으로써 임상에서도 NDE와 이인증을 감별해 내는 것이 가능해졌다. 그는 해당 논문에서, 이인증의 증상과 그의 연구 설문 사이의 상관관계가 극도로 낮다는 것을 통해 NDE가 이인증과 구별되는 별개의 증후군이라는 개념을 뒷받침했다.[6]

NDE는 현대의 연구가들에 의해 이미 이인증과 별개의 것으로 인정되고 있다. 그러나 여기서는 본 장에 충실하게 이인증을 통해 NDE를 해석하기 위한 가정을 설정해 보겠다. 그러려면, 먼저 '사람은 사망 시 이인증을 경험한다.'라는 가정이 필요하다. 이인증은 불안을 기반으로 극도의 스트레스를 동반한다. 반면 NDE는 평화와 쾌적한 감각을 동반한다. 따라서 '사망 시 경험하는 이인증은 불안과 공포가 극에 달한 상태에서도 한없는 평화와 쾌적함을 동반한다.'는 모순적인 가정을 추가해야 한다. 또한, '이때의 이인증은 모두에게 같은 형태로 나타난다.'는 가정도 필요하다. 그런데 이인증은 본래 다양한 형태로 나타나므로 이 가정은 이인증의 일반적인 특성과도 맞지 않는다. 게다가 '심리적인 방어 기제에 불과한 이인증을 통해 기이하고도 정확한 인식을 얻을 수 있다'는 가정까지 추가해야 한다. '그러므로 이들이 소생한 후엔 그것을 이인증이 아니라 현실이었다고 여긴다.'는 가정도 자연스럽게 추가된다.

이인증으로 NDE를 해석하기 위해서는 위와 같이 다섯 개의 가정이 필요하다. 다수의 가정이 필요하므로 오컴의 면도날 원칙에 따라 부정확한 해석일 가능성이 높아졌다. 더구나 이 다섯 개의 가정 중 두 번째 가정은 모순을 담고 있으며, 세 번째 가정은 이인증의 일반적인 특성에 어긋나는 내용을 담고 있다. 네 번째 가정 역시 전술한 케네스 링의 주장에 따라 설득력을 잃는다. 따라서 이인증으로 NDE를 해석하는 것은 합리적인 설명이 되지 못한다.

케네스 링은 꿈이나 환각, 희망사항, 이인증 등의 심리학적 개념을 통해 NDE를 설명하려는 시도는 성공하지 못한 것으로 판명했다. 이를 설명하기 위해서는 다른 관점에서 살펴야 한다고 결론지었다.[3]

이상과 같이 NDE를 설명하기 위해 제기되었던 대표적인 해석 7가지를 오컴의 면도날 원칙에 따라 살펴보았다. 이 중 단 하나의 가정만으로 모든 것을 오류 없이 설명할 수 있는 것은 오직 가장 먼저 제기된 영혼 해석 하나뿐이다. 다른 해석은 다수의 가정을 더하더라도 NDE라는 현상을 충분히 설명하는 데에 실패하고 만다.

세균의 존재가 세상에 알려지기 전이었던 19세기 중반, 산욕열의 예방을 위해 손 씻기를 처음 주창했던 헝가리의 산부인과 의사 제멜바이스(Ignaz Philipp Semmelweis)는 학계의 맹렬한 반대에 부딪히다 결국 정신병원에서 비참한 최후를 맞이했다. 그가 사망한 지 불과 몇 년 만에 루

이 파스퇴르(Louis Pasteur)가 세균 이론을 확인한 뒤에야 제멜바이스의 생각이 널리 받아들여지게 된다.

역사적으로 의학은 통계(Statistics)와 기전(Mechanism)이라는 두 개의 톱니바퀴가 맞물려 발전해 왔다. 둘 중 하나가 먼저 임상에 적용되면, 훗날 나머지 하나가 그 실효성을 입증하곤 했다. 예를 들어, 14세기 유럽에서 흑사병이 유행할 당시, 사람들은 비록 그 병의 기전은 알지 못했으나, 통계를 통해 쥐와 흑사병의 상관관계를 밝혀냄으로써 예방을 꾀할 수 있었다. 19세기 말에 와서야 흑사병의 원인은 페스트균이며 쥐와 벼룩을 통해 매개된다는 기전이 밝혀졌다. 항암제의 경우는 어떠한가? 흑사병 때와는 반대의 순서로, 병의 기전을 먼저 밝혀내고, 그 가운데 약점을 공략하는 약물을 만듦으로써 치료를 꾀하며, 임상 사용에 나타난 여러 통계를 통해 그 약물의 안전성과 실효성을 입증한다.

NDE 역시 통계를 통해 입증된 실재(實在)하는 현상이다. 아직까지 그 기전이 완전히 밝혀지지 않았을 뿐이다. 21세기를 살고 있는 우리도 이제 '인간에게 영혼이 존재한다'는 명제에 편견 없이 다가갈 때가 되었다.

3. 대가들의 결론

그렇다면 NDE를 오랫동안 연구한 대가들은 이 현상에 대해 어떤 생각을 가지고 있을까? 일평생을 기여했던 만큼 NDE에 대한 그들의 조예는 깊을 수밖에 없을 터, Exploration 장(章)에 소개했던 학자들로부터 솔직한 생각을 들어보자.

먼저, 레이먼드 무디. 그가 처음으로 『Life After Life』를 썼을 때는 굉장히 조심스럽고 신중한 입장을 유지했다. 의술의 발전으로 인해 도드라지기 시작한 이 새로운 현상에 대해, 그는 가능한 한 객관적인 관점을 유지하려 노력한 흔적이 보인다. 그러나 40년의 연구 끝에, 그는 2015년 『Life After Life』의 새 후기를 다음과 같은 말로 매듭짓는다.

> 이 모든 것을 어떻게 받아들이는가는 주관적인 문제이다.…(중략)… 나의 주관적인 판단은 죽음을 넘어선 세상이 있다는 것이다.[35]

케네스 링도 그의 저서 『Life At Death』의 후반부에서 독자들이 독립적인 결론에 도달하도록 돕기 위해 유지했던 객관적인 태도를 내려놓고 허심탄회하게 말하고 싶다며 다음과 같이 밝혔다.

나는 우리가 물리적인 죽음 이후에도 의식의 존재로서 지속되며, (근사체험의) 핵심경험은 그 시작을 반영하는 다가올 일들의 일별(一瞥)*임을 믿는다.[3]

퀴블러-로스는 뭐라고 했을까? 그녀는 저서 『On Life After Death』에서 다음과 같이 소신을 밝혔다.

우리 모두는 근원, 즉 하나님으로부터 태어날 때 신성의 한 측면을 부여받았다. 이것은 문자 그대로 우리 안에 그 근원의 일부가 있다는 것을 뜻한다. 이것이 우리로 하여금 우리가 불멸함을 알게 한다.[36]

한편, 브루스 그레이슨은 간접적으로 자신의 입장을 피력했던 것으로 보인다. 2007년에 발간된 공동 저서 『Irreducible Mind』는 마음과 뇌의 관계에 대해 다룬 책이다. 이 책의 저자들은 마음은 뇌를 통해 표현되는 것이지, 뇌에서 생성되는 것이 아니라고 주장했다. 다양한 사례를 소개하며, 환원적 유물론(reductive materialism)이 불완전할 뿐만 아니라 거짓임을 경험적으로 보여줌으로써, 21세기의 정신과학이 나아가야 할 새로운 방향을 제시했다.[37]

---

* 일별(一瞥): 한 번 흘깃 봄. 원문의 glimpse를 일별로 번역함.

핌 반 롬멜은 2021년, 206개의 참고 문헌을 바탕으로 발표한 「의식의 연속성(The Continuity of Consciousness)」이라는 제목의 논문에 다음과 같은 견해를 밝혔다.

> 이러한 발견이 삶과 죽음에 대한 우리의 관념에 중요함은 자명하다. 왜냐하면, 육체적 죽음의 순간에도 의식은 과거와 현재, 미래를 포괄하는 또 다른 영역에서 지속됨을 경험할 것이라는 거의 피할 수 없는 결론 때문이다.…(중략)… 탄생과 마찬가지로 죽음 역시 단지 한 상태의 의식에서 다른 상태로 넘어가는 것임이 분명해 보인다.[38]

근사체험을 깊이 있게 연구해 온 학자들의 견해는 이처럼 한결같다. 일생을 바친 연구 끝에 다다른 대가들의 결론, 그 무게감은 결코 무시할 수 없다.

4. 과학의 초점

근사체험 연구는 확실히 현대 과학과 미지의 영역의 경계선상에 있는 것처럼 보인다. 과학은 문명과 의학의 발전에 분명 기여해 왔다. 21세기에는 그 반향으로 인한 스펙트럼이 너무도 찬란하기에 과학으로 모든 것을 설명할 수 있을 것만 같이 여겨질 때도 있다. 그러나 윌리엄 레인 크레이그(William Lane Craig)*는 한 TV 토론에서 '과학으로 모든 것을 설명할 수 있다.'는 어떤 화학자의 주장에 대해 다음과 같이 반박했다. 이를 주의 깊게 읽어보면 다소 신선한 충격을 받을 수도 있다.

> 그렇습니다. 저는 과학이 모든 것을 설명할 수 있다는 것을 부인합니다. 과학적으로 증명할 수는 없음에도 우리 모두가 합리적이라고 받아들이는 것들이 많다고 생각합니다. 제시할 수 있는 예로 다섯 가지를 나열하겠습니다.
>   첫째, 논리적 진리와 수학적 진리는 과학으로 증명할 수 없습니다. 과학은 논리와 수학이 참임을 전제로 하기에, 이를 과학으로 증명하려는 것은 순환논증입니다.
>   둘째, 형이상학적 진리, 즉 나의 마음 외에도 다른

---

* 윌리엄 레인 크레이그(William Lane Craig): 미국의 분석 철학자로 휴스턴 기독교 대학의 철학교수이자 바이올라 대학(Biola University)의 신학 대학(Talbot School of Theology) 철학 연구교수이다.

사람들의 마음이 있다거나, 외부 세계가 실재한다거나, 과거는 5분 전에 현재와 같은 모습으로 창조되지 않았다는 등의 우리의 이성적인 믿음은 과학적으로 증명할 수 없습니다.

셋째, 가치 진술에 대한 윤리적 신념 또한 과학적 방법으로는 접근할 수 없습니다. 나치 부대의 과학자들이 서구 민주주의 과학자들과는 대조적으로 사악한 짓을 했음을 과학으로는 입증할 수 없습니다.

넷째, 미적 판단도 과학적 방법으로 접근할 수 없습니다. 왜냐하면 아름다운 삶이나 좋은 삶은 과학적으로 증명될 수 없기 때문입니다.

다섯째, 가장 주목할 만한 것은 과학 그 자체입니다. 과학은 과학적 방법으로는 타당함을 보여줄 수 없습니다. 과학은 증명할 수 없는 가정으로 속속들이 물들어 있습니다. 예를 들어, 특수 상대성 이론에서, 전체 이론은 전적으로 빛의 속도가 A와 B 두 점 사이에서 한 방향으로 일정하다는 가정에 달려 있습니다. 하지만, 그것은 엄밀하게 증명될 수 없습니다. 우리는 이론을 고수하기 위해 단지 그것을 가정해야 합니다.

이러한 믿음 중 어느 것도 과학적으로 입증될 수 없지만, 우리 모두는 이를 받아들입니다.[39]

저자 역시 의학의 한 분야인 생리학을 열심히 공부하던

의대생 시절에는 잘 몰랐다. 그로부터 약 20여 년이 지난 어느 시점에 먼지 쌓인 생리학책을 다시금 펼쳐보고서야 알았다. 이것이 인체가 어떻게 설계되었는지 알아가는 학문이었음을. 흔히들 '의느님'이라는 말을 한다. 그것은 마치 의사에게 어떤 초인적인 능력이 있어 모든 아픔을 치료해 줄 수 있을 것만 같이 느껴지게 하는 마법의 단어다. 그러나 현장에서 환자를 치료하다 보면 그런 초인적인 능력으로 병을 고친다기보다 인체 내 설계된 메커니즘의 특성을 잘 이용하여 힐링을 도울 뿐이라는 느낌을 받음을 고백한다. 예컨대 외과 환자의 창상을 잘 봉합하려면, 창상이 치유되는 메커니즘을 이해하고 그 특성을 잘 이용하여 봉합해야 한다. 그런 이해 없이 봉합한다면 감염이나 열개* 등의 합병증이 발생하여 정상적인 힐링으로부터 요원해진다. 18년이라는 짧다면 짧고, 길다면 긴 기간의 임상 경험이 쌓인 저자는 생리학이 인체가 어떻게 창조되었는지 이해하는 과정이며, 의학은 그 이해를 바탕으로 질병으로부터의 힐링을 돕는 학문이라는 견해를 가지게 되었다.

이처럼 과학은 단지 이미 결정된 자연의 법칙을 밝히는 학문임을 지적하면서, 창조주를 언급하는 기조는 천체물리학에서도 이어져 내려오는 것을 볼 수 있다. 이러한 기조는 17세기의 아이작 뉴턴(Isaac Newton)과[40] 20세기의 아인슈타인(Albert Einstein),[41] 21세기의 폴 데이비스

---
* 열개(dehiscence): 창상이 터져 벌어지는 현상을 말한다.

(Paul Davies)를[42] 걸치며 시대를 관통한다.

인간게놈 프로젝트를 총지휘했던 의학유전학자 프란시스 S. 콜린스 역시 다음과 같이 고백했다.

> 엄격한 과학자가 되는 것과, 우리 한 사람 한 사람에게 관심을 갖는 하나님을 믿는 것 사이에는 상충되는 요소가 전혀 없다. 과학의 영역은 자연을 탐구하는 것이다.[43]

그렇다. 실상 과학의 영역은 단지 우리가 속해 있는 세계에 관한 이해에 그칠 수밖에 없다. 바꿔 말하면, 과학은 그저 창조주가 만드신 물질세계가 작동하는 원리를 이해하고 이용하는 데에 그칠 뿐이다. 그 영역을 넘어서는 것은 말 그대로 신의 영역이 되어버린다. 현대에 이르러 NDE 연구를 통해 그런 영역이 존재한다는 것을 밝혀낸 것만으로도 우리에겐 큰 행운이다. 그렇다면 자연스럽게 다음과 같은 질문을 던질 차례이다.

"신은 과연 존재하는가?"

Contingency Argument

만물이 그로 말미암아 지은바 되었으니
지은 것이 하나도 그가 없이는 된 것이 없느니라
그 안에 생명이 있었으니
이 생명은 사람들의 빛이라
(요한복음 1:3~4)

Contingency Argument

지금까지 NDE에 대한 과학적 탐구(Exploration)와 합리적인 설명(Explanation)을 거쳐 현재로서 얻을 수 있는 최선의 해석을 꾀해보았다. 그것은 '인간에게 영혼이 있다'라는 명제가 가장 설득력이 높다는 것이다. 만약, 이 명제가 참이라면 이것은 우리에게 영혼을 부여한 신의 존재에 대한 부정할 수 없는 증거가 된다. 우리에겐 직관적으로 와닿을 수도 있는 이 결론에 논증을 통해 도달했던 사람이 있다. 바로 천재들의 세기라 불리는 17세기에 등장한 라이프니츠(Gottfried Wilhelm Leibniz)*이다. 그는 "왜 무(無)가 아니고 어떤 것이 존재하는가."라는 질문을 시작으로, 다음처럼 요약할 수 있는 결론에 도달했다.

---

* 고트프리트 라이프니츠(Gottfried Wilhelm Leibniz): 독일의 수학자이자 철학자이며 과학자로 불린다. 아이작 뉴턴과 별개로 미적분학을 발전시켰다. 데카르트, 스피노자와 함께 17세기 3대 합리주의론자로 꼽힌다. 기계적 계산기 분야에서도 많은 발명을 했다.

우주와 사물, 인간의 몸과 영혼 등은 필연적 실체 즉 신에 의해 창조되었으며, 단지 하나의 신만이 존재하고, 이 신으로 충분하다.[44]

이 결론에 이르는 과정이 매우 논리적이었음에도, 일반에는 다소 난해했기에 금세기 윌리엄 레인 크레이그(William Lane Craig)는 이것을 좀 더 평이하게 재해석했다.* 그 재해석된 논증을 본 장(章)에서 소개하고자 한다. 크레이그는 논증의 대상을 영혼이 아닌 우주로 삼았으나, 원문의 논리를 훼손하지 않기 위해 일단은 우주를 다룬 내용 그대로 다음과 같이 인용한다.

【제1 명제】존재하는 모든 것은 그 존재에 관한 설명을 지닌다.
【제2 명제】만약 우주도 그 존재에 관한 설명을 지닌다면, 그 설명은 신이다.
【제3 명제】우주는 존재한다.
【제4 명제】고로, 우주의 존재에 관한 설명은 신이다.

이 논증의 논리 자체는 탄탄하므로 만일 제1~제3 명제가 참이라면, 결론인 제4 명제 역시 참일 수밖

---

* 윌리엄 레인 크레이그의 재단, Reasonable Faith는 〈라이프니츠의 의존성 논증〉이라는 제목으로 단편 영상을 만들었으며 그 대상을 우주로 삼았으나, 애초에 라이프니츠는 자신의 논증에 우주와 물질, 영혼을 포괄하였다.

에 없다. 과연 이 명제들은 거짓이 아닌 타당한 참일까?

【제3 명제】 '우주는 존재한다'는 진리를 찾고자 하는 어느 누구도 부정할 수 없다.

그러나 **【제1 명제】** '존재하는 모든 것은 그 존재에 관한 설명을 지닌다'는 어떠한가? 이렇게 말할 순 없을까?

"우주는 그냥 있는 것이고, 그게 다야. 설명은 필요 없어. 토론 끝."

만약, 당신이 친구와 함께 숲에서 하이킹을 하던 중 땅바닥에서 빛나는 구체를 발견했다고 상상해 보자. 당신은 그게 어쩌다 거기 있게 된 건지 자연스레 궁금해질 것이다. 이때, 만일 친구가 이렇게 말한다면 정말 이상해진다.

"아무런 이유도 설명도 없어. 궁금해하지 마. 그냥 그런 거야!"

그리고 만약 그 공이 더 큰 것이었다 해도 여전히 설명이 필요하게 된다. 사실상 그 공이 우주만 한 크기였다 해도, 사이즈가 변하는 것만으로 설명의 필요성을 지울 수는 없다. 우주의 존재에 관한 궁금증은 과학적이면서도 직관적인 것이다.

누군가는 이렇게 말할지도 모르겠다.

"존재하는 모든 것에 설명이 필요하다면, 신은 어떠한가? 그분에 관해서도 설명이 필요하지 않겠는가? 만약 신에 관한 설명이 필요 없다면, 왜 우주에 관해서는 설명이 필요하단 말인가?"

이 부분을 다루기 위해, 라이프니츠는 [필연적으로] 존재하는 것과 [의존적으로] 존재하는 것 사이의 핵심적인 차이를 구분했다.

[필연적으로] 존재하는 것은 본질적인 필요에 의해 존재한다. 그것이 존재하지 '않기'란 불가능하다. 많은 수학자들은 숫자나 집합 같은 추상적 개념이 이와 같이 존재한다고 생각한다. 그것은 다른 무언가에 의해 존재하게 된 것이 아니라, 본질상의 필요에 의해 존재한다.

[의존적으로] 존재하는 것은 다른 무언가에 의해 존재하게 된 것이다. 우리에게 친숙한 대다수의 것들은 의존적으로 존재한다. 이들이 반드시 존재해야만 하는 것은 아니며, 단지 다른 무언가가 존재의 원인을 제공했기 때문에 존재한다. 만약 당신의 부모님이 서로 만나지 않았더라면 당신이 존재하지 못했을 뻔했듯 말이다.

우리를 둘러싼 세상 역시 반드시 존재해야 했다고 생각할 만한 이유는 없다. 만약 우주가 다른 방식으로 발달되어 왔다면, 별이나 행성이 없었을 수도 있

〈 의존적으로 존재하는 것과 필연적으로 존재하는 것의 차이 〉

는 것이다. 우주 전체가 존재하지 않았을 수도 있었다는 점도 논리적으로 가능해진다. 필연적으로 존재하지 않고, 의존적으로 존재하기 때문이다. 과연 우주가 존재하지 않을 수도 있었다면, 애당초 왜 존재하는가? '의존적 우주'의 존재에 관하여 유일하게 타당한 설명은, 그 존재함이 '비의존적 존재'에 기인한다는 것이다. 본질상의 필요에 의해, 존재하지 않기란 불가능한 존재. 그것은 어떻게든 존재하는 것이다! 그러므로, 제1 명제는 다음과 같이 수정할 수 있다.

Contingency Argument

【제1 명제】 존재하는 모든 것은, 본질상의 필요에 의한 것이든 혹은 외부의 원인에 의한 것이든 간에, 그 존재에 관한 설명을 지닌다.

그렇다면 제2 명제는 어떠한가? 우주의 존재에 관한 설명은 '신'이라는 것이 타당한가? 자, 우주란 무엇인가? 그것은 모든 물질과 에너지를 포괄하는 시공(時空) 현실의 합이다. 결과적으로 우주를 존재하게 한 원인이 있다고 한다면, 그 원인이 우주의 일부일 수는 없는 것이다. 그것은 비물리적이고 비물질적이며 시공(時空)을 초월하는 것이어야만 한다. 이러한 조건을 충족할 수 있는 항목은 그리 많지 않아서 추상적 개념(숫자, 집합)과 신으로 추려진다. 그중 추상적 개념은 아무것도 존재하게 할 수 없으므로, 라이프니츠의 의존성 논증은 우주의 존재에 관한 설명이 오직 '신'의 존재로서만 가능하다는 것을 나타낸다. 만약 당신이 '신'이라는 용어를 사용하지 않고자 한다면 단순히 그분을 다음과 같이 지칭할 수도 있다. '전능하고, 스스로 존재하며, 필연적으로 존재하고, 비의존적이며, 비물리적이고, 비물질적이며, 영원한 존재로서 전 우주와 그 안의 모든 것을 창조하신 자'.[45]

 앞에 인용한 내용은 본래 영상자료로 만들어졌던 것이므로 QR코드에 연결된 영상을 통해 보면 좀 더 쉽게 이해할 수 있다.

이러한 과정을 거쳐 수정된 제1 명제와 제2, 제3 명제는 참으로 증명할 수 있으며, 이를 정리하면 아래와 같다.

> 【제1 명제】 존재하는 모든 것은, 본질상의 필요에 의한 것이든 혹은 외부의 원인에 의한 것이든 간에, 그 존재에 관한 설명을 지닌다.
> 【제2 명제】 만약 **우주**도 그 존재에 관한 설명을 지닌다면, 그 설명은 신이다.
> 【제3 명제】 **우주**는 존재한다.
> 【제4 명제】 고로, **우주**의 존재에 관한 설명은 신이다.

그런데 크레이그 박사에 앞서, 애초에 라이프니츠의 논증에는 우주와 물질, 영혼을 아울러 포괄하여 다루고 있다. 이 모든 것이 의존적 존재에 포함되기 때문이다. 그러므로 위의 명제에서 우주를 영혼으로 치환하여도 논리적인 합치가 이루어진다.

> 【제1 명제】 존재하는 모든 것은, 본질상의 필요에

의한 것이든 혹은 외부의 원인에 의한 것이든 간에, 그 존재에 관한 설명을 지닌다.

【제2 명제】 만약 **영혼**도 그 존재에 관한 설명을 지닌다면, 그 설명은 신이다.

【제3 명제】 **영혼**은 존재한다.

【제4 명제】 고로, **영혼**의 존재에 관한 설명은 신이다.

라이프니츠는 일련의 논증 과정을 거쳐 의존적으로 존재하는 영혼을 비롯한 인간과 우주는 필연적으로 존재하는 신에 의해 존재할 수밖에 없다고 말했다. 또한 이 신은 서로 도처에 연결되어 있는 모든 세부적인 것들에 대한 충분한 근거이기 때문에 단지 하나의 신만이 존재하고, 이 신으로 충분하다고 결론지었다. 의존적 존재인 인간에 의해 만들어진 신이 아닌, 필연적 실체로서의 신을 말했던 것이다.[44]

Outro

사랑하는 자들아 우리가 지금은 하나님의 자녀라
장래에 어떻게 될 것은 아직 나타나지 아니하였으나
그가 나타내심이 되면 우리가 그와 같을 줄을 아는 것은
그의 계신 그대로 볼 것을 인함이니
(요한일서 3:2)

Outro

 여기까지 이르렀을 때, 처음의 충격과 의문은 이해로 바뀌었다. '생명을 유지하게 하는 힘과 그 힘의 근원은 과연 무엇인가?'라는 질문에 대답은 '생명을 유지하는 힘은 영혼이며, 그 힘의 근원은 유일한 창조주'라는 것이다. 이것이 의사이자 과학자로서 내가 도달한 결론이다.

 학생 시절에 배웠던 생리학, 분자생물학, 생화학 등의 내용들이 다시금 머릿속에서 통합적으로 펼쳐졌다. 인간 몸의 가장 미세 단위로 들어가면 그 중심에는 모두가 알고 있는 DNA가 있다. DNA가 염기서열로 불리는 이유는 아데닌(Adenine, A), 구아닌(Guanine, G), 시토신(Cytosine, C), 티민(Thymine, T)이라는 네 가지 뉴클레오티드(Nucleotide)의 배열로 이루어져 있기 때문이다.[46] 즉, 이 염기서열을 근간으로 세포와 조직, 기관, 나아가 온

몸이 형성된다. 그뿐만 아니라 염기서열은 인체 내에서 일어나는 모든 복잡한 조화와 반응, 성장, 방어 등의 프로그래밍 언어이다.[47] 이것이 내가 배운 인체 작동 메커니즘의 근간이다. 마치, 모든 컴퓨터 프로그램의 근간이 0과 1, 두 개의 숫자로 이루어진 2진법 코딩인 것과 같다. 그렇다, 인간의 몸은 4진법 코딩으로 이루어져 있었다.[43] 그것도 자그마치 32억 개에 달하는 뉴클레오티드 서열 조합으로 구성된 코딩 말이다![48] 이토록 수많은 서열 조합으로 구성된 코딩은 결코 저절로 짜일 수 없다. 그 코딩이 A, G, C, T의 1차원적인 문자열을 통해 3차원의 고등 생명체를 이루게 되는 것이라면 더더욱 그러하다.[49] 처음부터 인간의 몸은 저절로 존재할 수 없었다. 배운 것들을 되짚어 보니 이것은 쉽게 알 수 있는 것이었다. 맙소사, 마치 파랑새를 찾아 먼 모험을 떠났다가, 집에 돌아와서야 파랑새가 있었음을 발견한 격이었다.

인간은 하나님으로부터 왔다. 모든 사람이 하나님으로부터 났다면, 논리적으로 모두가 하나님의 자녀가 될 수 있다는 이야기가 된다. 이제 나는 의사로서 사람을 더 이상 생물학적인 관점으로만 바라볼 수는 없게 되었다. 나를 포함한 모든 사람은 하나님께서 소중히 여기시는 존재임을 알게 된 것이다. "내가 너희를 사랑한 것같이 너희도 서로 사랑하라."는 예수님의 가르침*이 이해되는 순간이다.

---
* 요한복음 13장 34절

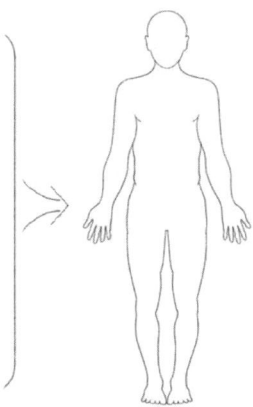

〈 우리 몸의 형성과 메커니즘은 뉴클레오티드 32억 개의 서열 조합 코딩에 기반한다. 〉

『동몽선습』에도 '하늘과 땅 사이의 만물 중에 오직 사람이 가장 귀하다(天地之間 萬物之衆 惟人最貴)'는 글귀가 있다. 이를 보면 선조들에겐 인간의 가치에 대한 깨달음이 있었음이 분명하다. 현대 사회를 살아가는 우리에게 편리한 물질문명 이외에 과연 선조들의 것보다 나은 것은 무엇일까? 자본주의가 발달함에 따라 인간은 목적이 아닌 수단으로 전락하는 경우가 많아지고 있다. 인간은 때로 기업의 이윤 생산을 위한 부품처럼 취급되기도 하며, 결혼의 조건으로 사랑보다 경제적인 요소가 강조되기도 한다. 재산과 연봉으로 사람을 평가하는 잣대가 늘어나는가 하면, 극단적으로는 돈을 위해 사람을 잔혹한 범죄의 표적으로 삼는 경우까지 발생하기도 한다. 이렇듯 인명경시 풍조가 만연하게 된 것은, 우리가 영혼과 신의 존재를 부정하는 시대를 살아가고 있기 때문인지도 모른다.

나아가, AI 시대를 맞이하며 인류는 자칫 그 가치가 한 번 더 평가절하 될 위기에 놓여 있다. 이 시기에 우리는 인간이 물질과 경제적 가치를 넘어서는, 본질적으로 얼마나 소중한 가치를 지니고 있는지 반드시 짚고 넘어갈 필요가 있다. 우리가 아직 우리의 소중함을 미처 다 알지 못하는 것일 수 있기 때문이다. 마치 자식은 자기 자신이 부모에게 얼마나 소중한 존재인지 충분히 알지 못하는 것처럼 말이다.

끝으로, 케네스 링의 연구에 참여했던 한 근사체험자의 고백을 옮기며 이 책을 마무리 짓고자 한다.

> "나는 하나님이 정말로 계심을 알고 있다.
> I know that there Really is a God."[3]

참고 문헌

1 tvN *회장님네 사람들: 15회*. 2023년 1월 23일 방영
https://youtu.be/aqgC9DHieb8?si=IYqv9TQONOAI5CqF

2 Raymond A. Moody Jr. *Life After Life.* New York, NY: HarperOne, 2001

3 Kenneth Ring. *Life At Death.* New York: Coward, McCann & Geoghegan, 1980

4 Elisabeth Kübler-Ross. *On Death & Dying.* New York, NY: Scribner, 2014

5 엘리자베스 퀴블러 로스. *사후생*. 서울: (재)여해와 함께, 2022

6 Bruce Greyson. *The Near-Death Experience Scale. Construction, Reliability, and Validity.* The Journal of Nervous and Mental Disease 1983;171:369-375
https://www.researchgate.net/publication/271857657_The_Near-Death_Experience_Scale

7 Bruce Greyson. *Near-Death Experiences and Spirituality.* Zygon 2006;41:393-414
https://med.virginia.edu/perceptual-studies/wp-content/uploads/sites/360/2017/01/NDE46_spirituality-Zygon.pdf

8 EBS *다큐프라임 데스; 2부 Vitam aeternam, 영원한 삶 사후세계*. 2014년 11월 4일 방영
https://youtu.be/yTS8lebcVeE?si=G-1pnG2lrtouPb10

9 Pim van Lommel, Ruud van Wees, Vincent Meyers, et al. *Near-death experience in survivors of cardiac arrest: a prospective study in the Netherlands.* The Lancet 2001;358:2039-2045
https://doi.org/10.1016/S0140-6736(01)07100-8

10 Sabom MB. *Light and death: one doctor's fascinating*

account of near-death experiences. Michigan: Zondervan Publishing House, 1998

11 Kenneth Ring, Cooper S. *Mindsight: near-death and out-of-body experiences in the blind.* Palo Alto: William James Center for Consciousness Studies, 1999

12 *KBS 파노라마 신의 뇌; 1편 땅 위의 신.* 2014년 4월 4일 방영
https://youtu.be/b0tV7SkD95s?si=UGSo9iuVmWYz55cE

13 Sam Parnia, Ken Spearpoint, Gabriele de Vos, et al. *AWARE-AWAreness during REsuscitation-A prospective study.* Resuscitation 2014;85:1799-1805
https://www.resuscitationjournal.com/article/%20S0300-9572(14)00739-4/abstract

14 Sam Parnia, Tara Keshavarz Shirazi, Jignesh Patel, et al. *AWAreness during Resuscitation-II: A multicenter study of consciousness and awareness in cardiac arrest.* Resuscitation 2023;191:Article 109903
https://www.resuscitationjournal.com/article/S0300-9572(23)00216-2/fulltext

15 메리 C 닐. *외과의사가 다녀온 천국.* 고양시: 크리스천 석세스,

2014

16 Mary C Neal. *Death Brings Contest to Life.* TEDxJackson Hole - Metamorphosis
https://www.drmaryneal.com/post/tedxjackson-hole-metamorphosis

17 Eben Alexander. *My Experience in Coma.*
http://ebenalexander.com/about/my-experience-in-coma/

18 Eben Alexander. *Foreword, Life After Life.* New York, NY: HarperOne, 2015

19 SBS *그것이 알고싶다; 152회 저세상으로의 여행, 죽었다 살아난 사람들*. 1995년 7월 29일 방영
https://youtu.be/Qhet9yerw8E?si=wd4eREVpIZLjl6zx

20 에드윈 A. 애벗. *플랫랜드*. 서울: 필로소픽, 2019.

21 Kenneth Ring. *Lessons from the Light: What We Can Learn from the Near-Death Experience.* Cambridge, MA: Moment Point Press, 2006

22 Wikipedia: *Occam's razor*
https://en.wikipedia.org/wiki/Occam%27s_razor

23 나무위키: *오컴의 면도날*
https://namu.wiki/w/오컴의%20면도날

24 위키백과: *유물론*
https://ko.wikipedia.org/wiki/%EC%9C%A0%EB%AC%BC%EB%A1%A0

25 리처드 도킨스. *에덴의 강*. 서울: 사이언스 북스, 2014

26 Kenneth W. Lindsay, Ian Bone. *Neurology and Neurosurgery Illustrated, 3rd ed.* London: Churchill Livingstone, 2001. p.81

27 Will Sullivan. *Surging Brain Activity in Dying People May Be a Sign of Near-Death Experiences*: Smithsonian Magazine, 2023년 5월 5일 게재
https://www.smithsonianmag.com/smart-news/surging-brain-activity-in-dying-people-may-be-a-sign-of-near-death-experiences-180982106/

28 Lakhmir S. Chawla, Seth Akst, Christopher Junker, et

al. *Surges of Electroencephalogram Activity at the Time of Death: A Case Series.* Journal of Palliative Medicine 2009;12(12):1095-1100
https://www.liebertpub.com/doi/10.1089/jpm.2009.0159?url_ver=Z39.88-2003&rfr_id=ori%3Arid%3Acrossref.org&rfr_dat=cr_pub++0pubmed

29 Raul Vicente, Michael Rizzuto, Can Sarica, et al. *Enhanced Interplay of Neuronal Coherence and Coupling in the Dying Human Brain.* Frontiers in Aging Neuroscience 2022;14:Article 813531
https://www.frontiersin.org/articles/10.3389/fnagi.2022.813531/full

30 Gang Xu, Temenuzhka Mihaylova, Duan Li, et al. *Surge of neurophysiological coupling and connectivity of gamma oscillations in the dying human brain.* Proceedings of the National Academy of Sciences 2023;120(19), e2216268120
https://doi.org/10.1073/pnas.2216268120

31 Pim van Lommel, Bruce Greyson. *Critique of Recent Report of Electrical Activity in the Dying Human Brain.* International Association for Near-Death Studies, Inc 2023
https://iands.org/images/stories/pdf_downloads/

vanLommel-Greyson-2023-Critique-Recent-Report-Electrical-Activity-Dying-Human-Brain.pdf

32 Wikipedia: *Wishiful thinking*
https://en.wikipedia.org/wiki/Wishful_thinking

33 민성길 외. *최신정신의학 제4개정판*. 서울: 일조각, 2003

34 Sabom, *The Near-Death Experience*; Osis and Haraldsson.

35 Raymond A. Moody Jr. *Life After Life*. New York, NY: HarperOne, 2015

36 Elisabeth Kübler-Ross. *On Life After Death*. New York: Celestial Arts, 2008

37 Edward F. Kelly, et al. *Irreducible Mind: Toward a Psychology for the 21st Century*. Lanham, Maryland: Rowman & Littlefield Publishers. 2007

38 Pim van Lommel. *The Continuity of Consciousness; A consept based on scientific research on near-death experiences during cardiac arrest*. Bigelow Institue for

39 The Bridgehead; *William Lane Craig destroys atheist with 5 simple points*
https://youtu.be/8UWzzAwT6is?si=SWebbMxjXF5a80Pe

40 Issac Newton. *Newton's Principia. Sections I. II. III. with Notes and Illustrations.* Cambridge and London: Macmillan and Co, 1863

41 NHK 아인슈타인 팀. *아인슈타인의 세계 1 천재 과학자의 초상.* 서울: 고려원미디어, 1993 p.194

42 Paul Davies. *The Cosmic Blueprint: New Discoveries in Natures Creative Ability to Order the Universe.* Philadelphia: Templeton Foundation Press, 1988

43 프랜시스 S 콜린스. *신의 언어.* 파주시: 김영사, 2019

44 빌헬름 라이프니츠. *형이상학 논고.* 파주시: 아카넷, 2016

45 DrCraigInternational; *라이프니츠의 의존성 논증*
https://youtu.be/AeDGVYHP0I4?si=8MOm5fTdEpY4ViyY

46 Dawn B Marks, Allan D Marks, Colleen M Smith. *Basic Medical Biochemistry*. Baltimore, Maryland: Lippincott Williams & Wilkins, 1996

47 성호경 외. *생리학*. 서울: 도서출판 의학문화사, 1997

48 T A Brown. *Genomes 2 2nd Ed*: Garland Science, 2002
https://www.ncbi.nlm.nih.gov/books/NBK21134/#:~:text=The%20nuclear%20genome%20comprises%20approximately,contained%20in%20a%20different%20chromosome.)

49 Ozeki Haruo. *생명과학의 기본개념: 분자생물학의 이해*. 서울: 도서출판 고려의학, 1999

50 Joel Pinto, Paulo Almeida, Fani Ribeiro, et al. *Cardiopulmonary Resuscitation Induced Consciousness A Case Report in an Elderly Patient*. Eur J Case Rep Intern Med. 2020;7(2):Article 001409.
https://doi.org/10.12890%2F2020_001409

51 *Jeffrey Mishlove Interviews NDE Researcher Kenneth Ring* (43 min)
https://youtu.be/DJlfxwrDs40?si=JnfCMrEojffiZUde

THE SOUL_ 외과 의사의 영혼 탐구생활

초판	_1쇄 발행 2024년 8월 15일
저자	_조준호
교열·윤문	_디에디트
편집	_조준호
일러스트 표지	_김진영
일러스트 본문	_김하진
펴낸곳	_the Vine Books
등록번호	_제2022-10호
등록일자	_2022. 2. 14.
전자우편	_thevinebooks@naver.com
전화	_010.5028.0957
팩스	_0504.394.0957

ISBN 979-11-977937-2-1

*이 책 내용의 전부 또는 일부를 이용하려면
반드시 저작권자와 'the Vine Books' 양측의 서면동의를 받아야 합니다.